高血壓高血脂
飲食宜忌速查

王忠良 編著　萬里機構・得利書局 出版

高血壓高血脂飲食宜忌速查

編著
王忠良

編輯
阿柿　龍鴻波

封面設計
任霜兒

版面設計
萬里機構製作部

出版
萬里機構・得利書局
香港鰂魚涌英皇道1065號東達中心1305室
電話：2564 7511　　傳真：2565 5539
網址：http://www.wanlibk.com

發行
香港聯合書刊物流有限公司
香港新界大埔汀麗路36號中華商務印刷大廈3字樓
電話：2150 2100　　傳真：2407 3062
電郵：info@suplogistics.com.hk

承印
中華商務彩色印刷有限公司

出版日期
二零一三年三月第一次印刷
二零一八年四月第六次印刷

ISBN 978-962-14-5140-8

萬里機構

萬里 Facebook

前言

哪些食物能吃，哪些食物不能吃，是高血壓或高血脂症患者最關心的事情。

本書選取161種食物，分為126種宜吃食物和35種忌吃食物。在宜吃食物中，將每種食物的降壓降脂關鍵點、降壓降脂吃法、食用宜忌和配搭宜忌展現給讀者，讓讀者瞭解每種食物對高血壓、高血脂症的影響，以及如何吃；在忌吃食物中，讀者朋友可以清楚地瞭解為什麼此類食物不宜吃，如果真正做到在日常飲食中遠離這些食物，不僅可以控制血壓血脂水平，更能防止併發症的發生。

除此之外，本書還針對讀者關心的高血壓、高血脂症的併發症如何合理飲食、中藥食療方法等知識進行了詳細的説明，讓讀者全方位深入瞭解高血壓、高血脂症，從而構建合理的飲食結構，還你健康的身體。

目錄

飲食宜忌速查

水果類

主食類

蔬菜類

肉類

水產類

其他食物

第二章 穩定血壓血脂的中藥及食療方

第三章 常見併發症飲食宜忌

第四章 常見問題與謬誤

第一章

飲食宜忌速查

對於希望通過飲食降血壓、降血脂的患者來說，

控制血壓、血脂的關鍵在於對食物的取捨——

哪些食物宜吃，哪些食物忌吃。

奇異果 促進血液流動

每天適宜吃100~200克

▶ 維他命C、精氨酸

奇異果中的維他命C能夠明顯降低體內的血清膽固醇和三酸甘油酯，對高血壓症有很好的食療效果。精氨酸能有效改善血液流動環境，阻止血栓形成，可降低高血壓等心血管疾病的發病率。

▶ 膳食纖維、肌醇

奇異果是低脂肪水果。豐富的膳食纖維能夠降低膽固醇，幫助消化；肌醇可促進脂肪的流動，預防動脈硬化。

降壓降脂吃法

可直接食用。也可與冰糖一起上籠蒸熟食用，能降壓降脂。

食用貼士

奇異果性寒，不宜多食，脾胃虛寒者應慎食，腹瀉者不宜食用。

如果奇異果過硬，可以與其他能產生乙烯的水果(香蕉和蘋果等)混放，很快就能軟熟。

奇異果汁
製作奇異果汁時，選八九成熟、果肉較厚的果實。

營養成分	含量①（每100克）	同類食物含量比較
蛋白質	0.8克	中 ★★
脂肪	0.6克	低 ★
碳水化合物	14.5克	中 ★★
膳食纖維（非水溶性）	2.6克	中 ★★
維他命C	62毫克	高 ★★★
維他命E	2.43毫克	高 ★★★

松子＋奇異果  二者搭配，可促進人體對鐵的吸收。

奶製品＋奇異果  奇異果易與奶製品中的蛋白質凝結成塊，食後出現腹脹、腹瀉，因此食用奇異果後不要立即食用奶製品。

註 ①每100克均為食物每100克可食部分。

桃 控制血液中膽固醇含量

清洗時，在溫水中加少許鹽，輕揉桃，桃毛很快脫落。

每天適宜吃100~150克

降壓關鍵點 ▶ 鉀

桃含鉀多，含鈉少。鉀可以平衡高血壓患者體內多餘的鈉，防止其損壞血管。另外桃能使血壓下降，可以用於高血壓病人的輔助食療。

降脂關鍵點 ▶ 膳食纖維、肌醇

桃含有的膳食纖維可促進脂肪的新陳代謝，將多餘膽固醇排出體外，控制血液中膽固醇的含量。桃中的肌醇可促進體內多餘脂肪排出體外，達到降脂的效果。

降壓降脂吃法

桃可直接食用。將桃子放在溫水中，再撒少許鹽，輕輕揉，桃毛就會很快脫落。或在清水中放鹽後，浸泡3分鐘，攪動，桃毛就會自動脫下。

食用貼士

不要吃沒有完全成熟的桃，易引起腹脹或腹瀉。平時內熱偏盛、易生瘡癤的人，不宜多吃桃。嬰幼兒最好不要餵食桃。

鮮桃羹

材料：鮮桃2個，白糖適量。

做法：鮮桃去毛洗淨，用開水燙一下，剝去桃皮，去掉桃核後切成小塊；將水倒入鍋，加適量白糖，燒開後，倒入切好的桃塊，等再燒開時，用小火煮2分鐘，放涼即可食用。

營養成分	含量（每100克）	同類食物含量比較
蛋白質	0.9克	中 ★★
脂肪	0.1克	低 ★
碳水化合物	12.2克	低 ★
膳食纖維（非水溶性）	1.3克	中 ★★
維他命C	7毫克	低 ★
維他命E	1.54毫克	中 ★★
鉀	166毫克	中 ★★

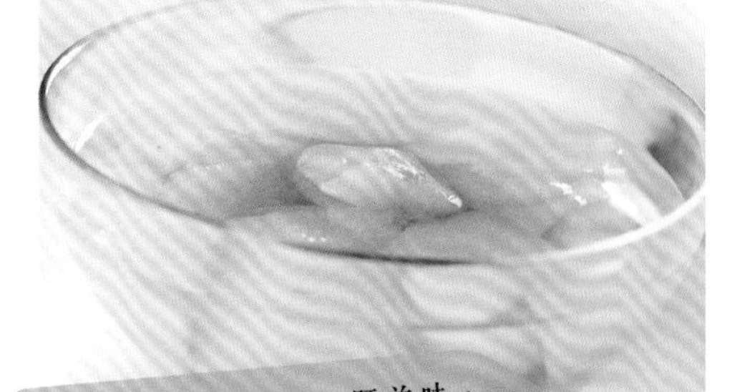

桃可煎汁飲湯食肉，既美味，又能降壓降脂。

配搭宜忌

薄荷＋桃

桃含有多種維他命、果酸和鈣、磷、鐵等礦物質，可輔助治療缺鐵性貧血，與薄荷搭配食用效果更佳。

梨

降壓潤肺敗肝火

降壓關鍵點 ▶ 維他命B雜、葉酸

梨中所含維他命B_1能夠保護心臟，維他命B_2、維他命B_3及葉酸可增強心肌活力、降低血壓，適於肝陽上亢或肝火上炎型高血壓患者。

降脂關鍵點 ▶ 果膠

果膠，不僅可以幫助消化和預防便秘，還能促進膽固醇和脂肪排出體外。

降壓降脂吃法

春秋兩季吃梨對身體最好。最佳食用方法是洗淨後切塊生吃。或將梨去皮切片，每片梨上滴一滴白醋後直接食用。此法不僅可以降血脂、軟化血管，還可以養肝明目。

食用貼士

梨性寒，吃梨時不宜喝開水，一冷一熱刺激腸道，會導致腹瀉。

冰糖燉梨

材料：梨2個，冰糖適量。

做法：梨洗淨切塊，加水，將梨塊下鍋，大火煮開後轉小火，大約20分鐘後加入冰糖，熬化後攪拌均勻即可食用。

營養成分	含量（每100克）	同類食物含量比較
脂肪	0.2克	低 ★
水分	85.8克	高 ★★★
碳水化合物	13.3克	低 ★
膳食纖維（非水溶性）	3.1克	高 ★★★
維他命B_2	0.06毫克	高 ★★★
維他命C	6毫克	低 ★
維他命E	1.34毫克	高 ★★★

冰糖燉梨糖尿病併發症患者不宜食用。

配搭		說明
冰糖＋梨		冰糖燉梨具有清熱化痰、潤肺止咳的功效，對治療陰虛燥咳有輔助作用。
鹽＋梨		梨含有礦物質鉀，與鹽中的鈉共同作用，有助於維持人體的酸鹼平衡。
螃蟹／鵝肉＋梨		不可與螃蟹、鵝肉搭配，易傷腸胃。

香蕉 保護血管，平衡體內鈉含量

宜選購皮色鮮黃光亮，兩端帶青的香蕉。

每天適宜吃75~150克

▶ 鉀、血管緊張素轉化酶抑制物質、鎂

鉀可防止損壞血管；血管緊張素轉化酶抑制物質，抑制血壓升高；鎂能減輕血壓突變對血管造成的壓力。

▶ 膳食纖維

膳食纖維可吸附膽鹼，促進脂肪代謝，減少腸道對脂肪的吸收，達到降脂。

降壓降脂吃法

可直接食用。也可切片曬乾，加水煎湯飲用。

食用貼士

經常便秘的人常吃香蕉可潤腸通便，但胃酸分泌較多、脾虛泄瀉者不宜吃香蕉。空腹不宜吃香蕉。香蕉不宜在冰箱裏存放，溫度太低會影響香蕉的營養功效，在12℃~13℃就可以保鮮。

拔絲香蕉

材料：香蕉3根，雞蛋2個，麵粉、白糖、純麥芽、植物油各適量。

做法：將香蕉去皮切塊；雞蛋打散，與麵粉拌勻。在鍋中放入白糖、純麥芽，加水煮，待糖溶化，小火熬至呈黃色。另取鍋加油燒熱，香蕉塊裹上麵糊投入油中，炸至金黃色時撈出，倒入糖汁中拌勻即可。

營養成分	含量（每100克）	同類食物含量比較
蛋白質	1.4克	中 ★★
脂肪	0.2克	低 ★
碳水化合物	22克	中 ★★
膳食纖維（非水溶性）	1.2克	中 ★★
鎂	43毫克	中 ★★
鉀	256毫克	高 ★★★

吃拔絲香蕉時，蘸一下冷開水，不黏牙，口感更為香脆。

銀耳＋香蕉 ✔	二者搭配，再配以百合、枸杞子做湯，具有養陰潤肺、生津整腸之功效。
桃＋香蕉 ✔	二者搭配，再添加適量芒果，一同榨汁飲用，有潤喉、提振食慾的作用。

直接食用或榨汁，均可降壓降脂

每天適宜吃100~200克

蘋果 降低血液黏稠度

降壓關鍵點 ▶ 鉀

鉀能與體內過剩的鈉結合並排出體外，使血壓下降。鉀離子還能有效保護血管，降低中風的發病率。此外還可以排出人體內過量的鹽，從而緩解高血壓的症狀。

降脂關鍵點 ▶ 類黃酮、蘋果酸、果膠

類黃酮可抑制低密度脂蛋白氧化，抗動脈粥樣硬化，抑制血小板聚集、降低血液黏稠程度，減少血栓形成。蘋果酸和果膠能減少血液中膽汁酸含量，吸收多餘的膽固醇和三酸甘油酯並排出體外。

降壓降脂吃法

可直接食用。也可與番茄、西芹榨汁食用，是心血管疾病患者不錯的選擇。

食用貼士

蘋果最好現吃現切，若切開後放置時間長，切面會因被氧化而發黑，水分和營養也會流失。蘋果忌與海鮮同吃，易導致腹痛、便秘。

銀耳蘋果羹

材料：蘋果1個，銀耳10克，冰糖適量。

做法：將銀耳水發，去蒂洗淨撕碎；蘋果去皮核，切小塊。再將銀耳放於砂鍋中，加水燒開後，用小火燉至酥爛，加冰糖再煮15分鐘後，將蘋果放入鍋中煮熟，食蘋果、銀耳，喝湯。

營養成分	含量（每100克）	同類食物含量比較
蛋白質	0.2克	低 ★
脂肪	0.2克	低 ★
水分	85.9克	高 ★★★
碳水化合物	13.5克	中 ★★
膳食纖維（非水溶性）	1.2克	中 ★★
維他命E	2.12毫克	高 ★★★
鉀	119毫克	中 ★★

銀耳中富含膳食纖維，與蘋果同食，可更多排除體內膽固醇。

配搭宜忌

蒟蒻＋蘋果	✔	蒟蒻是低熱量高膳食纖維的食物，與蘋果同食可以促進腸道蠕動，有減肥的作用。
蘆薈＋蘋果	✔	二者搭配，可生津止渴、健脾益腎、消食順氣，氣管炎、多痰、胸悶者宜多食，有潤肺、寬胸的作用。
海鮮＋蘋果	✖	二者同食，容易導致腹痛、便秘。

葡萄 抗血栓

降壓關鍵點 ▶ **鉀、花色苷、單寧**

鉀元素，可以抑制鈉對血壓的副作用，穩定血壓，預防冠心病。花色苷有助於提高心臟的供血能力。單寧可稀釋血液，預防心肌梗塞和中風。

降脂關鍵點 ▶ **水楊酸、類黃酮**

水楊酸，可以降低膽固醇。類黃酮能夠有效清除體內的自由基，從而減少血液中的膽固醇和三酸甘油酯，改善血液黏稠狀況。另外經常食用葡萄還能阻止血栓形成。

降壓降脂吃法

葡萄可直接食用，也可榨汁，將葡萄乾浸在醋中5分鐘後食用，能降血壓。

食用貼士

紅葡萄比綠葡萄含有更豐富的鉀、水楊酸、花色苷和單寧，而且總體營養價值也較高，因此高血壓、血脂異常患者宜選用紅葡萄。葡萄葉與葡萄子萃取物對高血壓、高血脂症都能起到一定作用。但糖尿病患者、便秘者、脾胃虛寒者應少食。

紅葡萄汁

材料：紅葡萄500克，蜂蜜適量。

做法：紅葡萄洗淨，去子後放入榨汁機中榨成果汁，用紗布過濾後加適量蜂蜜調勻即可。

營養成分	含量（每100克）	同類食物含量比較
蛋白質	0.5克	低 ★
脂肪	0.2克	低 ★
碳水化合物	10.3克	低 ★
膳食纖維（非水溶性）	0.4克	低 ★
維他命C	25毫克	中 ★★
維他命E	0.7毫克	低 ★
鉀	121毫克	中 ★★

對於高血壓、高血脂症患者來說，宜選擇紅葡萄榨汁。

配搭宜忌

枸杞子＋葡萄 ✔ 枸杞子含天然多糖、維他命B雜。葡萄含維他命C與鐵質，兩者搭配食用是補血良品。

海魚＋葡萄 ✖ 海魚和葡萄一起吃，不僅會降低其營養成分，還會刺激胃腸道，引起腹瀉。

山楂 軟化血管

降壓關鍵點 ▶ 類黃酮、山萜類

山楂中的類黃酮有一定的強心作用，可緩慢而持久地降壓。山萜類成分有顯著的擴張血管及降壓作用。

降脂關鍵點 ▶ 解脂酶、三萜類、黃酮類成分

解脂酶有助於膽固醇轉化。三萜類成分除能降壓，調節血脂及膽固醇含量。黃酮類成分可降低血清膽固醇。

降壓降脂吃法

高血壓、高血脂症患者可適當食用山楂鮮果，但不宜食用山楂片、果丹皮等含糖分高的山楂製品。

食用貼士

脾胃虛弱、胃酸分泌過多者不宜多食。不宜用鐵鍋烹煮山楂，其中的果酸成分會與鐵發生化學反應，生成的化學物質可能導致人食用後中毒。食用山楂後要注意及時刷牙。

山楂綠豆薏米湯

材料：綠豆、薏米各25克，山楂10克。

做法：山楂擇洗乾淨備用。綠豆、薏米淘洗乾淨放入砂鍋，加清水500毫升浸泡兩次，放入山楂再泡30分鐘。上火煮開，燒煮10分鐘即停火，不要揭蓋，燜15分鐘。

營養成分	含量（每100克）	同類食物含量比較
蛋白質	0.5克	低 ★
脂肪	0.6克	低 ★
碳水化合物	25.1克	中 ★★
膳食纖維（非水溶性）	3.1克	高 ★★★
維他命C	53毫克	高 ★★★
維他命E	7.32毫克	高 ★★★
鉀	299毫克	高 ★★★
鈣	52毫克	高 ★★★

山楂、綠豆、薏米同煮，可每周吃一次。

排骨＋山楂 

二者配合食用，可以去斑消淤。山楂可令排骨燉得更爛，更利於消化吸收。

胡蘿蔔＋山楂 

山楂富含維他命C，而胡蘿蔔含維他命C分解酶，同吃會破壞其營養成分。

橙 減少心血管疾病的發生

降壓關鍵點 ▶ 維他命C

橙中含有豐富的維他命C和膳食纖維，能夠保護血管，促進血液循環。

降脂關鍵點 ▶ 維他命C、類黃酮、蘆丁

維他命C促進血液循環的同時降低血液中的膽固醇。類黃酮和蘆丁可促進高密度脂蛋白的增加，將膽固醇運送到體外，從而降低冠心病、動脈硬化和心臟病的發病率。

降壓降脂吃法

橙可直接食用，也可榨成橙汁飲用，橙汁要現榨現飲。也可以與其他降血脂血壓食物做成菜肴食用。

食用貼士

不可多食，傷肝氣。糖尿病人忌食。吃橙前後1小時內不要喝牛奶，牛奶中的蛋白質遇到橙中的果酸會發生凝固，影響營養的消化吸收。

蜜桃橙汁

材料：橙1個，桃1個，涼開水、蜂蜜適量。

做法：橙洗淨去皮，桃剝皮、去核，二者均切成塊。將橙和桃放進榨汁機中，加適量涼開水一同榨汁。可根據個人口味加適量蜂蜜再飲用。

營養成分	含量（每100克）	同類食物含量比較
蛋白質	0.8克	中 ★★
脂肪	0.2克	低 ★
碳水化合物	11.1克	低 ★
膳食纖維（非水溶性）	0.6克	低 ★
維他命B_1	0.05毫克	高 ★★★
維他命B_2	0.04毫克	中 ★★
維他命C	33毫克	高 ★★★

一次不要喝太多橙汁，可與其他水果共同榨汁降壓降脂效果更佳。

柑橘＋橙 
柑橘中所含的蘆丁可加強橙所含維他命C對人體的作用，增強免疫力，預防感冒。

奇異果＋橙 
二者均富含維他命C，維他命C在骨膠原的合成中起到重要作用，經常食用可有效預防關節損傷。

橘子 擴張血管

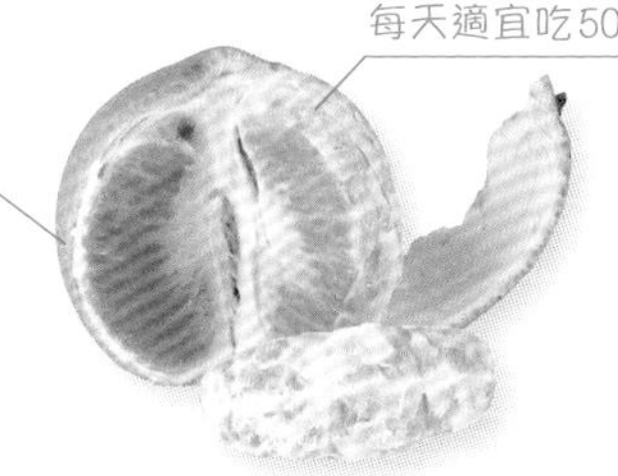

降壓關鍵點 ▶橙皮苷、鉀、維他命C

橙皮苷對周圍血管具有明顯的擴張作用。橘子中所含的鉀和維他命C對降血壓也有效果。

降脂關鍵點 ▶維他命C

維他命C除具有抗氧化作用外，對減少吸收膽固醇和其他導致動脈粥化的脂肪也具有重要作用。

降壓降脂吃法

可直接食用，也可榨成橘汁（能與山楂搭配）。橘子內側的薄皮（即橘絡）中除含有維他命外，還有果膠，可降低膽固醇。橘絡中的蘆丁能使血管保持彈性。

食用貼士

吃過多橘子會引起結石，因此不宜多食。風寒或其他因素引起的咳嗽患者不宜食用橘子。橘子與螃蟹不能同時食用，以免引起腹瀉。

橘子汁

材料：橘子2個，蜂蜜、溫開水各適量。

做法：將橘子洗淨，切成兩半。取半個橘子，切面朝下，套在旋轉式果汁器上，一邊旋轉一邊向下擠壓，橘子汁就流到果汁器下面的容器中。倒出橘子汁，加入用溫開水調好的蜂蜜水中即可飲用。

營養成分	含量（每100克）	同類食物含量比較
蛋白質	0.7克	低 ★
脂肪	0.2克	低 ★
碳水化合物	11.9克	低 ★
膳食纖維（非水溶性）	0.4克	低 ★
胡蘿蔔素	890微克	高 ★★★
維他命C	28毫克	高 ★★★
鉀	154毫克	中 ★★

橘子汁不宜和牛奶同飲，以免影響營養吸收。

配搭宜忌

核桃＋橘子  橘子含維他命C，與核桃同食，可促進人體吸收核桃中的鐵，使臉色紅潤，預防貧血，增強體力。

白蘿蔔＋橘子  白蘿蔔食用後產生的硫氰酸鹽與橘子中的類黃酮結合，容易誘發甲狀腺腫大。

宜挑選上尖下寬、表皮呈淡綠或淡黃色的柚子

每天適宜吃50克左右

柚子

可預防腦血栓和中風

降壓關鍵點 ▶ 鉻

鉻元素，既可調節血糖，又能控制血液中膽固醇濃度，具有防動脈硬化、降低血壓的作用。

降脂關鍵點 ▶ 皮苷、維他命C

皮苷能降低血液黏稠度，減少血栓形成。維他命C可降低血液中的膽固醇，同時它還是強抗氧化劑，能夠清除體內的自由基，可預防血管病變發生。

降壓降脂吃法

可直接食用。將柚子皮切碎，放入保溫杯中，用沸水沖泡，蓋上蓋悶10分鐘飲用，有潤喉、化痰、止咳之功效。

食用貼士

脾虛便溏者不宜吃柚子，而且太苦的柚子不宜吃。

營養成分	含量（每100克）	同類食物含量比較
蛋白質	0.8克	中 ★★
脂肪	0.2克	低 ★
碳水化合物	9.5克	低 ★
膳食纖維（非水溶性）	0.4克	低 ★
維他命B_2	0.03毫克	中 ★★
維他命C	23毫克	中 ★★
鉀	119毫克	中 ★★

柚子皮內柚肉表面附着的筋絡可降火、止咳，所以吃柚子時最好不要將其摘掉。

配搭宜忌

栗子＋柚子	✔	栗子與維他命C含量高的柚子搭配食用，有助於預防感冒，防治牙齦出血，並能幫助傷口愈合。
番茄＋柚子	✔	番茄和柚子都富含維他命C，二者一起榨汁飲用，低熱、低糖，是“三高”患者的理想飲品。

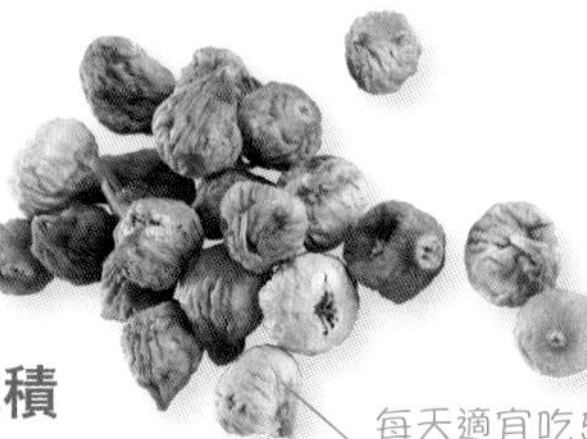

無花果 減少脂肪在血液中沉積

枸櫞酸、琥珀酸、蘋果酸

無花果中所含的枸櫞酸、琥珀酸以及蘋果酸具有降壓、安眠的功效，對於高血壓引起的頭暈、失眠有緩解作用。

降脂關鍵點 **膳食纖維、脂肪酶、水解酶**

果膠和半纖維素可將有害物質吸附排出，能夠維持正常膽固醇含量。脂肪酶、水解酶等能夠分解脂肪的成分，穩定血壓，預防冠心病。

降壓降脂吃法

可食用無花果乾，也可用無花果做成無花果茶、無花果粥或煲湯食用。

食用貼士

腦中風、腹瀉等症患者不適宜食用；大便溏薄者最好不要生食。

無花果冰糖飲

材料：無花果30克，冰糖適量。

做法：將無花果和冰糖共煲糖水即可服用。

營養成分	含量（每100克）	同類食物含量比較
蛋白質	1.5克	中★★
脂肪	0.1克	低★
碳水化合物	16克	中★★
膳食纖維（非水溶性）	3克	高★★★
鈣	67毫克	高★★★
硒	0.67微克	中★★

將冰糖與無花果一同煎煮，長期飲用，可緩解高血壓、高血脂症的症狀。

牛肉＋無花果 ✔ 用於緩解便秘引起的口臭等症，女性患者將二者同食，還有美容、保護聲帶之功效。

草魚＋無花果 ✔ 草魚暖胃和中、平肝祛風，與富含多種礦物質和維他命的無花果搭配，有清熱潤燥、強身健體之功效。

西瓜皮與粟米鬚加水煎湯，可輔助治療高血壓

將西瓜皮熱炒或煮湯，都能降壓

西瓜 利尿降壓

每天適宜吃150~200克

瓜氨酸、精氨酸、配糖體

瓜氨酸、精氨酸和配糖體都有利尿、降壓的作用。另外，西瓜皮也有消炎降壓的功效。

葡萄糖、蘋果酸

葡萄糖、蘋果酸等成分能促進新陳代謝，減少膽固醇沉積，軟化及擴張血管。

降壓降脂吃法

可切塊直接食用，也可榨汁食用，稍微冰鎮後食用效果更佳。將西瓜皮和粟米鬚加水煎湯，可輔助治療高血壓。

食用貼士

脾胃虛寒的人吃西瓜一次不宜吃太多，糖尿病患者、腎功能不全者也不宜多吃。西瓜不能冷藏太久，溫度也不能太低，冰太久的西瓜對腸胃不好。

涼拌西瓜皮

材料：西瓜皮500克，鹽、大蒜、花椒各適量。

做法：西瓜皮洗淨，去綠衣，切丁，加入少許鹽、涼開水，醃製10分鐘，擠乾水分，放入盤內，大蒜搗成蒜泥，放入瓜盤內待用。將油倒入炒鍋，點火，七成熱時放入花椒，炸出香味，用漏勺去花椒，將熱油淋在西瓜皮丁上，拌勻即可食用。

營養成分	含量（每100克）	同類食物含量比較
蛋白質	0.6克	低 ★
脂肪	0.1克	低 ★
碳水化合物	5.8克	低 ★
膳食纖維（非水溶性）	0.3克	低 ★
水分	93.3克	高 ★★★
維他命E	0.1毫克	低 ★

此菜不僅可清熱解暑，開胃，適用於高血壓、高血脂症人群。

冰糖＋西瓜皮  西瓜皮有清熱解暑、利尿的功效，與冰糖搭配食用，可涼血、幫助排泄，對便血者有一定輔助療效。

白酒＋西瓜  西瓜含有泛酸，酒精會破壞泛酸，從而造成營養成分的流失。

羊肉＋西瓜  羊肉性熱，西瓜性寒，同食易傷脾胃。

不要與含高蛋白的蟹、魚、蝦等同食。

每天適宜吃100克左右

柿子

改善心血管功能

黃酮苷、鞣質

黃酮苷可降低血壓，增加冠狀動脈流量，且能活血消炎，有改善心血管功能和防止冠心病心絞痛的作用。鞣質也有降血壓的作用。

維他命C

維他命C，可降低血液中的膽固醇，對減少動脈硬化和靜脈血栓的發生有一定的作用。

降壓降脂吃法

若柿子已經熟軟，可將吸管插入柿子中直接食用。也可將柿子去皮後榨汁飲用。

食用貼士

空腹不宜吃柿子。另外，柿子含糖量較高，糖尿病患者不宜食用。柿子中含有的單寧能妨礙鐵元素的吸收，因此貧血患者應少吃。

營養成分	含量（每100克）	同類食物含量比較
蛋白質	0.4克	低 ★
脂肪	0.1克	低 ★
碳水化合物	18.5克	中 ★★
膳食纖維（非水溶性）	1.4克	中 ★★
維他命C	30毫克	高 ★★★
維他命E	1.12毫克	中 ★★

柿子餅
含糖量高，糖尿病患者應少吃。

蜂蜜＋柿子

柿子富含碘，對因缺碘引起的甲狀腺腫大有較好食療功效，柿子與蜂蜜搭配食用對治療甲亢很有幫助。

白酒＋柿子

喝白酒的時候吃柿子，容易在體內形成黏稠狀物質，造成腸道梗阻，形成便秘。

乾棗與西芹煎水服用，對治療高血壓有幫助。

紅棗 軟化血管，降低血壓

黃酮類、蘆丁

黃酮類物質可以保護血管，蘆丁能降低膽固醇含量，使血管軟化，促進血液循環，有降血壓的作用，另外還能降低血管脆性，改善血管通透性。

維他命C、糖類、蛋白質

維他命C，可以保護血管，降低血清膽固醇，防治心腦血管疾病。糖類、蛋白質等可以促進白細胞的生成，降低血清膽固醇，提高血清白蛋白，保護肝臟。

降壓降脂吃法

乾棗可直接食用，也可與適量西芹用水煎服，對治療高血壓有所幫助。還可煮粥或煲湯食用。

食用貼士

紅棗一次不宜吃多，會導致胃酸過多、腹脹。棗皮營養豐富，因此最好連皮一起食用。腐爛的紅棗會產生甲醇，食用後易引起頭暈。

紅棗冬菇粥

材料：大米100克，冬菇2朵，紅棗10顆，雞肉50克，薑末、葱末、鹽、料酒、白糖各適量。

做法：把冬菇和雞肉洗淨，切丁；紅棗洗淨，切開去核。把紅棗、冬菇丁、雞肉丁和薑末、葱末、鹽、料酒、白糖等一起放入鍋內，同大米一起用砂鍋燉熟成粥即可。

營養成分	含量（每100克）	同類食物含量比較
蛋白質	1.1克	中 ★★
脂肪	0.3克	低 ★
碳水化合物	30.5克	中 ★★
膳食纖維（非水溶性）	1.9克	中 ★★
胡蘿蔔素	240微克	高 ★★★
維他命C	243毫克	高 ★★★
維他命E	0.78毫克	低 ★
鉀	375毫克	高 ★★★

煮粥時，可以放兩三顆切開的紅棗。

牛奶＋紅棗 ✔	二者搭配食用，可為人體提供豐富的蛋白質、脂肪、碳水化合物和鈣、磷、鐵、鋅及多種維他命。
番茄＋紅棗 ✔	富含維他命 B_1 的番茄，與具有補血功效的紅棗搭配，能夠補虛健胃、益肝養血。

烏梅 降血壓、安睡眠

胃酸過多的人，不宜食用烏梅。

每天適宜吃5~10克

降壓關鍵點 ▶ 枸櫞酸、檸檬酸、蘋果酸、琥珀酸

烏梅所含的枸櫞酸、檸檬酸、蘋果酸以及琥珀酸具有降壓、安眠的功效，可緩解由高血壓引起的頭暈、夜間失眠的症狀。

降脂關鍵點 ▶ 檸檬酸、蘋果酸、梅酸

蘋果酸以及各種酸性物質能夠減少血液中膽汁酸的含量，吸收多餘的膽固醇和三酸甘油酯，並排出體外。梅酸可軟化血管，推遲血管硬化，具有防老抗衰作用。

降壓降脂吃法

烏梅為煙火熏製而成。夏季可將烏梅與砂糖或冰糖煎水做成酸梅湯食用，也可炮製成烏梅製品食用。

食用貼士

胃酸過多者不宜食用烏梅。感冒發熱，咳嗽多痰，胸膈痞悶之人不宜食用；菌痢、腸炎初期忌食。

烏梅銀耳紅棗湯

材料：烏梅、銀耳各20克，紅棗100克，冰糖適量。

做法：將烏梅、紅棗浸泡好後洗淨；銀耳水泡，去蒂洗淨。加入水，將備好的材料放入鍋中，用小火燉40分鐘即可。

烏梅銀耳紅棗湯生津止渴、清涼解暑，適於高血壓、高血脂症患者夏季飲用。

營養成分	含量（每100克）	同類食物含量比較
蛋白質	0.9克	中 ★★
脂肪	0.9克	中 ★★
碳水化合物	6.2克	低 ★
膳食纖維（非水溶性）	1.0克	低 ★

豬肉＋烏梅 

烏梅有止瀉痢功效，而豬肉滑大腸助濕氣。服用烏梅時進食豬肉將會影響其療效。

挑選時，成熟的鮮桑葚表面有網紋狀突起，個大、肉厚，味甜汁多。

桑葚 防治血管硬化和中風

每天適宜吃30~50克

維他命E

桑葚含有豐富的維他命E，能很好地清除自由基，防止脂質過氧化，可有效地擴張血管，調節血壓，防治動脈粥樣硬化和中風。

脂肪酸、葡萄糖、果糖

不飽和脂肪酸具有分解脂肪，促進膽固醇代謝，降低血脂，防止血管硬化等作用。葡萄糖、果糖對高血壓、高血脂症、冠心病等具有輔助食療功效。

降壓降脂吃法

可直接食用。桑葚有黑、白兩種，鮮桑葚以紫黑色的補益效果為好。

食用貼士

桑葚未成熟時不能吃。桑葚一次不宜吃得太多，過量食用易發生溶血性腸炎。兒童、脾虛便溏者不宜吃桑葚。由於桑葚含糖量較高，糖尿病人應該忌食。熬桑葚膏時忌用鐵器。

桑葚粥

材料：桑葚30克，大米100克，蜂蜜適量。

做法：將桑葚、大米洗淨熬粥，粥成時加適量蜂蜜調勻即可。

營養成分	含量（每100克）	同類食物含量比較
蛋白質	1.7克	高★★★
脂肪	0.4克	低★
碳水化合物	13.8克	中★★
膳食纖維（非水溶性）	4.1克	高★★★
胡蘿蔔素	30微克	低★
維他命E	9.87毫克	高★★★
硒	5.65微克	高★★★

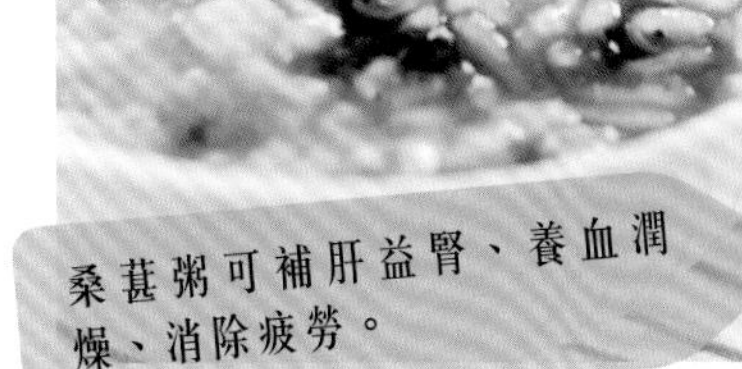

桑葚粥可補肝益腎、養血潤燥、消除疲勞。

配搭宜忌

紅棗＋桑葚	✓	紅棗與桑葚都是預防貧血的佳品，二者搭配，可軟化、擴張血管，預防心血管疾病。
大米＋桑葚	✓	二者熬粥，可補肝益腎、養血潤燥、消除疲勞，常吃還可改善記憶力減退、精力不集中等症狀。

火龍果

預防高血壓和心肌梗塞

降壓關鍵點 ▶ 花青素

花青素，有抗氧化、軟化血管和預防心腦血管疾病的作用。火龍果的花和莖中也有能夠降壓的成分，火龍果花烘乾後可代茶飲，莖可炒食。

降脂關鍵點 ▶ 水溶性膳食纖維

水溶性膳食纖維，有潤腸作用，能排除體內多餘膽固醇，從而降低體內膽固醇含量，達到降脂作用。

降壓降脂吃法

火龍果，可直接食用，也可涼拌或榨汁。火龍果內層的紫色果皮也含花青素，可食用。

食用貼士

雖然火龍果與其他水果相比不甜，但含糖量並不低，所以併發糖尿病患者少吃。

水果拼盤

材料：火龍果、蘋果各1個，西瓜1小塊。

做法：火龍果、蘋果切片，西瓜切丁，倒入碗中稍攪拌即可。若夏天天熱，可將拼盤放入冰箱稍微冷藏食用，味道更好。

將火龍果切片，與其他水果涼拌食用，既新鮮可口又能降壓降脂。

營養成分	含量（每100克）	同類食物含量比較
蛋白質	1.1克	中★★
脂肪	0.2克	低★
碳水化合物	13.3克	低★
膳食纖維（非水溶性）	2克	中★★
維他命E	0.14毫克	低★
磷	35毫克	中★★
鉀	20毫克	低★

牛奶＋火龍果  火龍果可抗氧化、抗自由基，常食可以減肥、美白、抗衰老，加入牛奶又可以補充鈣質。

梨＋火龍果  梨清火潤肺、潤腸通便，與同樣清火潤燥的火龍果搭配，可輔助治療百日咳等疾病。

怕酸的患者，可以將其與蜂蜜一同食用。

士多啤梨

改善動脈硬化和心臟病病症

膳食纖維、果膠

士多啤梨中含有的膳食纖維和果膠能夠促進消化液的分泌和腸道蠕動，潤腸通便，將有害物質排出體外，降低血壓和膽固醇。

有機酸、維他命C和礦物質

有機酸可分解食物中的脂肪。維他命和礦物質，能夠很好地被人體吸收，其中的維他命C能夠降血脂和保護血管。

降壓降脂吃法

士多啤梨洗淨後可直接食用，怕酸的高血壓、高血脂症患者可用士多啤梨蘸着蜂蜜吃。士多啤梨上撒少許鹽放入冰箱(不可疊放)可保鮮。

食用貼士

在購買士多啤梨時不要挑選畸形士多啤梨。食用前可用洗米水和清水分兩次浸泡，再用水沖洗乾淨，以免農藥殘留。

士多啤梨蜂蜜羹

材料：士多啤梨6顆，蜂蜜適量。

做法：將士多啤梨洗淨，切丁，倒入適量蜂蜜攪拌均勻即可。若喜歡酸奶，也可加入適量酸奶調勻食用。

營養成分	含量（每100克）	同類食物含量比較
蛋白質	1克	中 ★★
脂肪	0.2克	低 ★
碳水化合物	7.1克	低 ★
膳食纖維（非水溶性）	1.1克	中 ★★
維他命B_2	0.03毫克	中 ★★
維他命C	47毫克	高 ★★★
磷	27毫克	中 ★★

與蜂蜜搭配，可減弱士多啤梨本身的酸味，味道更甜美。

牛奶＋士多啤梨 

為機體提供了豐富的營養，還具有清涼解渴、養心安神的功效。

榛子＋士多啤梨 

含維他命C的士多啤梨與含鐵的榛子同吃，可促進人體吸收鐵，並有助於預防貧血、增強體力。

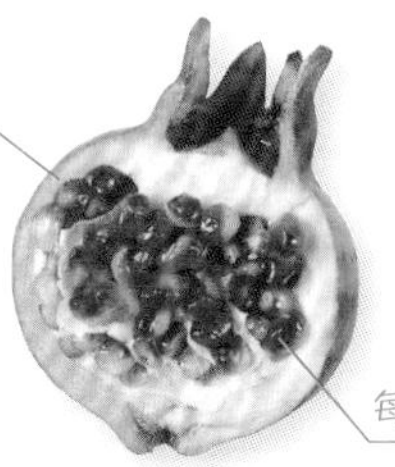

石榴

緩解冠心病和高血壓症狀

降壓關鍵點 ▶ **氨基酸、礦物質**

石榴汁含有多種氨基酸和礦物質，能軟化血管，降低血脂、血糖和膽固醇，緩解冠心病和高血壓症狀。另外，石榴汁有很好的抗氧化作用，能幫助血液和血管抵抗自由基的傷害，調節血壓。

降脂關鍵點 ▶ **氨基酸**

石榴中的氨基酸能控制血壓，也能降低血脂、血糖和膽固醇。

降壓降脂吃法

石榴可直接食用，並且石榴的果皮、根、花皆可入藥。

食用貼士

孕婦宜食用石榴，有利於預防胎兒腦部疾病。多吃會損傷牙齒。雖然有降低血糖的成分，但也含一定糖分，所以，糖尿病患者少吃為宜。

石榴汁

材料：石榴1個，涼開水、蜂蜜各適量。

做法：石榴去皮留子，與涼開水一同倒入榨汁機中榨汁，過濾後調入適量蜂蜜即可飲用。

營養成分	含量（每100克）	同類食物含量比較
蛋白質	1.4克	中 ★★
脂肪	0.2克	低 ★
碳水化合物	18.7克	中 ★★
膳食纖維（非水溶性）	4.8克	高 ★★★
維他命 B_1	0.05毫克	高 ★★★
維他命 B_2	0.03毫克	中 ★★
磷	71毫克	高 ★★★

經常喝石榴汁，能使血管軟化。

胡蘿蔔＋石榴

胡蘿蔔中所含的某些生物活性物質會破壞石榴中的維他命 C，降低石榴的營養價值。

木瓜未成熟時，將其埋在米中，可加速成熟。

木瓜 恢復血管彈性

每天適宜吃100克

降壓關鍵點 ▶ 齊墩果酸

木瓜中的齊墩果酸，可降低血脂，恢復血管彈性，從而保護血管。

降脂關鍵點 ▶ 水溶性纖維、蛋白酶

木瓜中所含的水溶性纖維，可降低血液中的膽固醇。另外，木瓜中的蛋白酶，可分解脂肪為脂肪酸，有利於降低血脂。

降壓降脂吃法

木瓜可直接食用，而且最好在飯後食用，因為木瓜營養成分多數為脂溶性，飯後食用可更好吸收營養。

食用貼士

木瓜最好現買現吃，不要冷藏過久，以免影響口感和營養成分。另外，若買的是未成熟的木瓜，可將其埋在米中或放在陰涼處，待熟透後食用。

木瓜粥

材料：木瓜1個，大米100克。

做法：木瓜洗淨後用冷水浸泡，上籠蒸熟，切成小塊；大米洗淨，冷水浸泡30分鐘後煮粥。粥成時放入木瓜塊，稍煮即可食用。

營養成分	含量（每100克）	同類食物含量比較
蛋白質	0.4克	低 ★
脂肪	0.1克	低 ★
碳水化合物	7克	低 ★
膳食纖維（非水溶性）	0.8克	低 ★
胡蘿蔔素	870微克	高 ★★★
維他命C	43毫克	高 ★★★
硒	1.8微克	高 ★★★

妊娠高血壓患者，用木瓜煮粥，有助降壓。

配搭宜忌

鳳尾菇＋木瓜

鳳尾菇能補中益氣、降脂降壓，木瓜則有健脾胃、助消化的功效，二者搭配，可提高人體免疫力。

蓮子＋木瓜

蓮子可養心安神、健脾止瀉，木瓜能幫助消化及清理腸胃，二者搭配，可輔助治療產後虛弱等症。

牛油果

為什麼不宜吃牛油果？

牛油果也就是我們所說的鱷梨，其脂肪含量豐富，其中80%為不飽和脂肪酸，是高能量低糖的水果，雖然也有一定降膽固醇和血脂的成分，但最好不要多吃。

營養成分	含量	同類食物含量比較
蛋白質	2.0克	低 ★
脂肪	15.3克	高 ★★★
碳水化合物	7.4克	低 ★
維他命C	8毫克	低 ★
鉀	599毫克	高 ★★★
鈉	10毫克	低 ★
鎂	39毫克	中 ★★
鋅	0.42毫克	高 ★★★

榴槤

為什麼不宜吃榴槤？

榴槤中含有的熱量、糖分和脂肪均較高，肥胖的人、高血壓、糖尿病患者都不宜多吃。而且榴槤雖營養豐富，但多吃不易消化，容易上火。

營養成分	含量	同類食物含量比較
熱量	147千卡	高 ★★★
蛋白質	2.6克	高 ★★★
脂肪	3.3克	高 ★★★
碳水化合物	28.3克	中 ★★
膳食纖維（非水溶性）	1.7克	中 ★★
維他命C	2.8毫克	低 ★
維他命E	2.28毫克	高 ★★★
鋅	0.16毫克	低 ★

甘蔗

為什麼不宜吃甘蔗？

甘蔗含糖量高，高糖類食物不僅會使血糖升高，其也是血脂上升的重要原因之一。故“三高”患者應少食甘蔗。

營養成分	含量	同類食物含量比較
熱量	64千卡	中 ★★
蛋白質	0.4克	低 ★
脂肪	0.1克	低 ★
碳水化合物	1.6克	中 ★★
膳食纖維（非水溶性）	0.6克	低 ★
維他命C	15毫克	低 ★

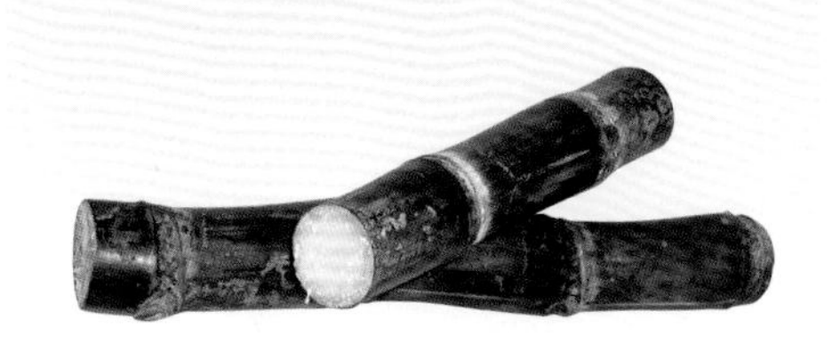

椰子

為什麼不宜吃椰子？

椰子雖然營養豐富，但含有大量的糖分和脂肪，不適宜“三高”人群食用。另外，椰子性溫，多吃會上火，因此要少吃。

營養成分	含量	同類食物含量比較
熱量	241千卡	高 ★★★
蛋白質	4.0克	高 ★★★
脂肪	12.1克	高 ★★★
碳水化合物	31.3克	高 ★★★
膳食纖維（非水溶性）	4.7克	高 ★★★
維他命C	6毫克	低 ★
鉀	475毫克	高 ★★★
磷	90毫克	高 ★★★

小米 抑制血管收縮

每天適宜吃50克

降壓關鍵點 ▶ 維他命B雜、鈣、磷

小米中所含的維他命B雜、鈣、磷、鎂等營養成分能夠抑制血管收縮，達到降壓的目的。

▶ 維他命B_3

小米中的維他命B_3能夠降低血液中的膽固醇和脂肪，減少人體對膽固醇和脂肪的吸收，起到控制血脂的作用。

降壓降脂吃法

小米可作蒸飯、煮粥，也可磨成粉後製做餅、發糕等食品。並且小米的氨基酸組成不夠理想，宜與大豆或肉類食物混合食用，可令營養更豐富、更合理。

食用貼士

小米是老人、病人、產婦宜用的主食，但氣滯者忌用。身體虛寒、小便清長者也應少食。

營養成分	含量（每100克）	同類食物含量比較
蛋白質	9克	中 ★★
脂肪	3.1克	中 ★★
碳水化合物	75.1克	高 ★★★
維他命B_1	0.33毫克	高 ★★★
維他命B_2	0.1毫克	中 ★★
鈣	41毫克	中 ★★
磷	229毫克	高 ★★★

小米粥
營養豐富，有"代參湯"之美稱，常食可健脾和胃、滋補身體，防治消化不良。

桂圓＋小米  同食，再稍加點紅糖，可補血養顏、安神益智，適用於心脾虛損、氣血不足、失眠健忘、驚悸等徵狀。

大豆＋小米  小米中的類胡蘿蔔素可轉化成維他命A，與大豆中的異黃酮作用，可保健眼睛和滋養皮膚。

品質好的黑米，洗米時會有自然脫色現象，且刮掉去皮後米應為白色。

每天適宜吃50克

黑米 降低膽固醇

降壓關鍵點 ▶ 硒

硒能夠改善脂肪在血管壁上的沉積，從而減少動脈硬化、冠心病以及高血壓的發病率。

降脂關鍵點 ▶ 維他命、膳食纖維

維他命可防止膽固醇沉積，促進血液循環，降低心血管疾病的發生。維他命和膳食纖維能夠有效控制體重。

降壓降脂吃法

可與豆類、花生一起煮成黑米粥，也可與赤小豆搭配熬粥，有補腎健腦、益肝明目、滋陰養血功效，還能減少高血壓的發病率。

食用貼士

最好將黑米浸泡一夜再煮。若黑米米粒外部的堅韌的種皮不煮爛，不僅營養成分無法釋放，更易引發腸胃炎，故脾胃虛弱的老人和兒童最好少吃。

黑米芝麻豆漿

材料：黑豆60克，黑米20克，花生仁、黑芝麻各10克，白糖適量。

做法：將黑豆用水浸泡10~12小時，泡至發軟後，撈出洗淨；黑米淘洗乾淨，用清水浸洗兩次；花生仁洗淨；黑芝麻洗淨，瀝乾水分後碾碎。將黑豆、黑米、花生仁、黑芝麻一同放入豆漿機中，加水後啟動豆漿機；過濾，加白糖調勻即可飲用。

營養成分	含量（每100克）	同類食物含量比較
蛋白質	9.4克	中 ★★
脂肪	2.5克	低 ★
碳水化合物	72.2克	高 ★★★
膳食纖維（非水溶性）	3.9克	中 ★★
維他命 B_1	0.33毫克	高 ★★★
維他命 B_2	0.13毫克	中 ★★
硒	3.2微克	中 ★★
鋅	3.8毫克	高 ★★★

黑米與芝麻一起磨出的豆漿，保護血管的功效加倍。

配搭宜忌

川貝母＋黑米		二者搭配具有化痰宣肺作用，能緩解老年性慢性支氣管炎導致的咳喘病。
牛奶＋黑米		牛奶與黑米煮粥可益氣、養血、生津，適用於氣血虧虛、津液不足、脾胃虛弱的患者食用。

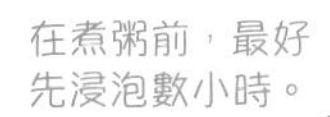
在煮粥前，最好先浸泡數小時。

每天適宜吃60克

薏米 擴張血管

降壓關鍵點 ▶ 氨基酸、膳食纖維

薏米中的氨基酸和膳食纖維有健脾養胃功效，適宜脾胃虛弱的高血壓患者食用。

降脂關鍵點 ▶ 膳食纖維

薏米中所含水溶性膳食纖維，可降低血液中膽固醇和三酸甘油酯，可預防高血壓、高血脂症的發生。

降壓降脂吃法

薏米可與其他食材煮粥或煲湯食用。與冬瓜、綠豆煮粥，則有較好的降血脂和清暑利濕功效。

食用貼士

薏米有阻止癌細胞生長的作用，可用於癌症的輔助食療。

薏米老鴨湯

材料：薏米30克，老鴨1隻，葱段、薑塊、料酒、鹽、胡椒粉各適量。

做法：將老鴨洗淨，除內臟、腳爪，斬大塊，放入沸水中焯去血水，撈出。將處理好的鴨塊放入鍋中，倒入適量的清水，把薏米、薑塊、葱段、料酒一同放入鍋中，大火燒開後改用小火煲，最後用鹽、胡椒粉調味即可。

營養成分	含量（每100克）	同類食物含量比較
蛋白質	12.8克	高 ★★★
脂肪	3.3克	中 ★★
碳水化合物	71.1克	高 ★★★
膳食纖維（非水溶性）	2克	中 ★★
維他命B_1	0.22毫克	中 ★★
維他命B_2	0.15毫克	中 ★★
鈣	42毫克	中 ★★
硒	3.07微克	中 ★★

燉老鴨湯的時放20~30克薏米，解膩又保健。

配搭宜忌

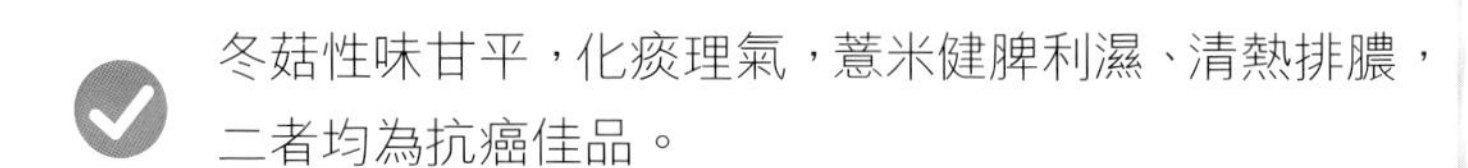

冬菇＋薏米	✔	冬菇性味甘平，化瘀理氣，薏米健脾利濕、清熱排膿，二者均為抗癌佳品。
海帶＋薏米	✘	薏米遇到海帶中的鐵，會妨礙薏米中維他命E的吸收的。

挑選時，米粒飽滿、圓潤、略有透明感的是首選。

每天適宜吃200克

大米

維持熱量代謝平衡

降壓關鍵點 ▶ 維他命B雜

大米是人體攝入維他命B雜的重要來源，維他命B雜有助於碳水化合物、蛋白質、脂肪在人體中的代謝平衡，有助於控制體重，還能維持神經系統的正常功能。

降脂關鍵點 ▶ 維他命、礦物質

大米中的維他命，能夠提高人體免疫功能，促進血液循環。大米富含鉀、硒等多種礦物質，有利於預防心血管疾病的發生。

降壓降脂吃法

做米飯時適當加入一些燕麥片或麥仁等粗糧，粗細搭配吃更有營養。稻穀初步脱殼後稱為糙米，其能降低膽固醇，各種營養含量也高於精白米。

食用貼士

淘洗大米的次數不用太多，否則會造成大米營養價值的流失。做米粥時不宜放鹼，鹼會破壞大米中的維他命B_1，糙米一般需經過進一步加工才能食用。

山楂大米豆漿

材料：大豆60克，山楂25克，大米20克，白糖10克。

做法：將大豆用水浸泡10~12小時，撈出洗淨；山楂去蒂，去核，切碎；大米淘淨。將大豆、山楂、大米一同放入豆漿機中，加水後啓動豆漿機。過濾，加白糖調勻即可飲用。

營養成分	含量（每100克）	同類食物含量比較
蛋白質	7.7克	中 ★★
脂肪	0.6克	低 ★
碳水化合物	77.4克	高 ★★★
膳食纖維（非水溶性）	0.6克	低 ★
維他命B_1	0.16毫克	高 ★★★

大米中加山楂乾，降低膽固醇效果更明顯。

配搭宜忌

杏仁＋大米  杏仁和大米一起煮粥，可止咳定喘、祛痰潤燥。

粟米

降低血清膽固醇

降壓關鍵點 ▶ 鎂、亞油酸、油酸

粟米所含鎂元素能夠舒張血管，防止缺血性心臟病。粟米中的亞油酸可抑制膽固醇的吸收，對降低血壓起到輔助作用。粟米含有的油酸也能降低膽固醇，同時還有軟化血管等作用。

降脂關鍵點 ▶ 卵磷脂、維他命、膳食纖維

粟米中所含的卵磷脂和維他命，能使人體內膽固醇水平降低，從而減少動脈硬化的發生。粟米中還含有豐富的膳食纖維等成分，能夠促進胃腸蠕動，從而促進膽固醇隨糞便排出，抑制血脂升高。

降壓降脂吃法

粟米可以煮食，也可以加工成粟米麵、粟米片粥、粟米茶食用，對降血壓、降血脂都有好處。粟米中缺乏色氨酸，與豆類搭配可補充不足。

食用貼士

發黴粟米不可食用，因為粟米發黴後能產生致癌物，會嚴重影響身體健康。長期把粟米作為主食會導致營養不良，可把它當加餐食用，有助於腸胃蠕動，有益健康。

營養成分	含量（每100克）	同類食物含量比較
蛋白質	4克	低 ★
脂肪	1.2克	低 ★
碳水化合物	22.8克	低 ★
膳食纖維（非水溶性）	2.9克	中 ★★
維他命 B_1	0.16微克	中 ★★
維他命 B_2	0.11毫克	中 ★★
鎂	32毫克	中 ★★

粟米中缺乏色氨酸，與豆類搭配能補不足。

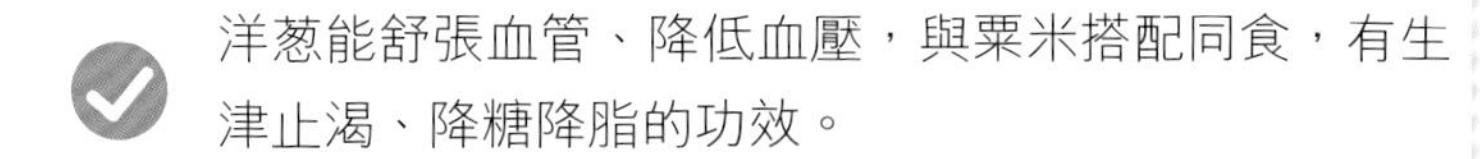

配搭	宜忌	說明
洋葱＋粟米	✔	洋葱能舒張血管、降低血壓，與粟米搭配同食，有生津止渴、降糖降脂的功效。
薯仔＋粟米	✘	二者大量同食，會使體內吸收太多的澱粉，經常大量食用，容易使體重增加、血糖上升。

與紅棗煮成小麥粥，適合煩熱清渴的高血壓、高血脂症患者食用。

每天適合吃100~200克

小麥 改善血液循環

降壓關鍵點 ▶ 維他命B雜

小麥中含有的維他命B雜有助於改善能量代謝和血液循環，防止血管收縮，達到降壓的目的。

降脂關鍵點 ▶ 膳食纖維

小麥胚芽中所含的膳食纖維，可以降低血清膽固醇，保護血管。

降壓降脂吃法

存放時間長些的麵粉比新磨的麵粉品質好。麵粉與大米搭配着吃最好。可在麵粉中摻入粟米麵、黑米粉、蕎麥麵等做成各式主食食用，能做到營養互補。

食用貼士

麵粉加工精度越高，其中的營養價值越低，所以不宜經常食用精白麵粉，要適當吃些全麥食品。

紅棗小麥粥

材料：小麥、大米各100克，紅棗10個，紅糖適量。

做法：小麥、紅棗、大米加水煮至粥爛熟，加紅糖調味即可。

營養成分	含量（每100克）	同類食物含量比較
蛋白質	11.9克	高 ★★★
脂肪	1.3克	低 ★
碳水化合物	75.2克	高 ★★★
膳食纖維（非水溶性）	10.8克	高 ★★★
維他命B_1	0.4毫克	高 ★★★
維他命B_2	0.1毫克	中 ★★
維他命E	1.82毫克	高 ★★★

與紅棗共同煮粥可養心血、補氣血，改善心慌、失眠等症狀。

配搭宜忌

紅棗＋小麥  二者同食，養心血、止虛汗、益氣血、健脾胃，適宜氣血兩虧、脾胃不足所致的心慌、氣短、失眠。

大米＋小麥  同食，養心神，止虛汗，補脾胃，適用於心氣不足、怔忡不安、失眠、自汗、盜汗及脾虛泄瀉等症狀。

燕麥不可與菠菜同食，以免影響鈣的吸收。

燕麥

膳食纖維降脂佳

每天適宜吃40克

降壓關鍵點

膳食纖維

燕麥中含有的可溶性膳食纖維，能大量吸納體內膽固醇，並促使其排出體外。膳食纖維易引起飽腹感，血脂異常並肥胖的病人長期食用有減肥功效。

不飽和脂肪酸、多糖

燕麥中還有豐富的不飽和脂肪酸，可降低血液中的膽固醇。燕麥中果糖衍生的多糖，可降低低密度脂蛋白膽固醇，提高高密度脂蛋白膽固醇。

降壓降脂吃法

可做成麥片粥或燕麥飯食用。麥片粥可在煮好後加入適量牛奶，燕麥飯即在做米飯時加入適量麥片。

食用貼士

麥片在蒸煮過程中不宜時間太長，否則會導致維他命流失。燕麥一次不宜食用太多。

水果燕麥粥

材料：燕麥片60克，蘋果、奇異果各1個，香蕉1根，葡萄乾適量。

做法：葡萄乾洗淨；蘋果洗淨，切小塊；奇異果、香蕉切丁。加水燒開，將燕麥片倒入煮粥，粥成後盛出。將水果混入粥中，再撒上葡萄乾即可。

營養成分	含量（每100克）	同類食物含量比較
蛋白質	15克	高 ★★★
脂肪	6.7克	中 ★★
碳水化合物	66.9克	中 ★★
膳食纖維（非水溶性）	5.3克	中 ★★
維他命 B_1	0.3毫克	高 ★★★
維他命 B_2	0.13毫克	中 ★★
鐵	7毫克	中 ★★
鈣	186毫克	高 ★★★

煮粥時，可用開水，不易糊底。

牛奶＋燕麥  含有豐富蛋白質、膳食纖維、維他命、乳質鈣及多種微量元素。

小米＋燕麥  可增加各類維他命、礦物質的攝取量，既有利於減肥，又適合心臟病、高血壓和糖尿病患者食用。

蒸煮時添加適量大米，口感會更好。

蕎麥

降低血液中膽固醇

降壓關鍵點 ▶ 蘆丁、鉀

蕎麥中含有的蘆丁成分可擴張毛細血管壁，抑制使血壓升高的成分。蕎麥中含有的鉀元素有助於降低血壓。

降脂關鍵點 ▶ 膳食纖維、鎂、維他命 B_3

膳食纖維，可減少腸道對膽固醇的吸收而促進其排出體外，並消除多餘脂肪。鎂既可降低血清膽固醇，又能防止游離鈣在血管壁上沉積。維他命 B_3 具有擴張微血管和降低血液膽固醇的作用。

降壓降脂吃法

可做成蕎麥麵或蕎麥饅頭食用，也可與蛋、肉製品或蔬菜同吃，既營養又可延緩餐後血糖的升高。

食用貼士

蕎麥麵要煮熟煮軟，否則不消化。脾胃虛寒、消化功能較差的人不宜食用。

蕎麥麵

材料：蕎麥麵150克，熟鵪鶉蛋1個，醬油、芝麻、海帶絲、胡蘿蔔、香菜、醋、白糖各適量。

做法：蕎麥麵煮熟後冷藏，取出後，加少許水、醬油、白糖、醋，攪拌均勻。蕎麥麵上撒少許海帶絲。將胡蘿蔔切片，香菜切段調入麵中，放入熟鵪鶉蛋，撒少許芝麻即可。

營養成分	含量（每100克）	同類食物含量比較
蛋白質	9.3克	中 ★★
脂肪	2.3克	低 ★
碳水化合物	73克	高 ★★★
膳食纖維（非水溶性）	6.5克	中 ★★
維他命 B_1	0.28毫克	中 ★★
維他命 B_2	0.16毫克	中 ★★
鎂	258毫克	高 ★★★
鉀	401毫克	高 ★★★

蕎麥麵條一定要煮熟煮軟再吃，否則不易消化。

配搭宜忌

蜂蜜＋蕎麥麵  用水調勻，飲服，有引氣下降、止咳的功效，適用於咳嗽的食療。

白砂糖＋蕎麥麵  食用蕎麥麵時，用白砂糖水調和，有治療痢疾的功效。

買大豆時，聞一聞，優質大豆具有明顯的豆香氣。

每天適宜吃40克

大豆

減少脂肪的吸收，降低膽固醇

降壓關鍵點 ▶ 鉀、異黃酮、大豆蛋白

鉀元素，可防止血壓升高。異黃酮可降低血壓，降低低密度脂蛋白和總膽固醇。大豆蛋白也有輔助降壓作用。

降脂關鍵點 ▶ 不飽和脂肪酸、皂苷、卵磷脂

大豆脂肪中多為不飽和脂肪酸，可除掉膽固醇。皂苷類物質可降低脂肪的吸收，促進脂肪代謝。卵磷脂有利清除血液中膽固醇。

降壓降脂吃法

大豆最適合的吃法就是與牛肉、豬肉搭配燉煮，可使大豆中的植物蛋白和肉中的動物蛋白得到合理補充。另外，用醋泡大豆食用，對高血壓、便秘和心臟病等疾病有良好療效。

食用貼士

大豆中所含的大豆纖維，可促進食物盡快通過腸道，適合降脂減肥。消化大豆時易引起腹脹，因此消化不良、慢性消化道疾病患者應少食。

大豆排骨湯

材料：大豆150克，排骨500克，鹽、黃酒、生薑各適量。

做法：排骨洗淨，剁成塊，沸水焯一下；大豆、生薑洗淨。鍋內加水，燒開，放入排骨、大豆、生薑，煮至熟透，加黃酒、鹽調味即成。

營養成分	含量（每100克）	同類食物含量比較
蛋白質	35克	高 ★★★
碳水化合物	34.2克	中 ★★
膳食纖維（非水溶性）	15.5克	高 ★★★
維他命B_1	0.41毫克	高 ★★★
維他命B_2	0.2毫克	中 ★★
鈣	191毫克	高 ★★★
鉀	1503毫克	高 ★★★

烹調中加幾滴黃酒，可減輕豆腥味。

配搭		說明
排骨＋大豆		兩者相配可以提高蛋白質的營養價值，對補鐵也有益。
茄子＋大豆		茄子與大豆一起吃，具有保護血管的作用，並且可以平衡營養。

新鮮綠豆是鮮綠色的，陳綠豆則泛黃。

綠豆 防止鈉引起的血壓升高

每天適宜吃50克

▶ 鉀

綠豆含有豐富的鉀元素，能夠促進體內多餘鈉的排出，防止鈉引起的血壓升高，維持穩定的血壓。

降脂關鍵點

▶ 膳食纖維、植物固醇

膳食纖維能使膽固醇和脂肪排出體外，降低膽固醇和降脂減肥。植物固醇可減少腸道對膽固醇的吸收，阻止膽固醇合成，降低血清膽固醇含量。

降壓降脂吃法

綠豆可煮粥，也可煲湯食用。其中綠豆與槐花、荷葉煮粥食用，可去脂降壓、清熱解毒，非常適合血壓高、血脂異常人群食用。

食用貼士

煮綠豆時不可煮得過爛，以免綠豆中的有機酸和維他命遭到破壞，降低其清熱解毒效果。另外，服藥特別是服用溫補性藥物時不要吃綠豆，會降低藥效。

綠豆粥

材料：大米100克，綠豆30克。

做法：大米洗淨；綠豆去雜質，洗淨。將水加入砂鍋，下綠豆，煮開後倒入大米，煮熟即成。

營養成分	含量（每100克）	同類食物含量比較
蛋白質	21.6克	高 ★★★
脂肪	0.8克	低 ★
碳水化合物	62克	中 ★★
膳食纖維（非水溶性）	6.4克	中 ★★
維他命 B_1	0.25毫克	中 ★★
維他命 B_2	0.11毫克	中 ★★
硒	4.28微克	中 ★★
鋅	2.18毫克	中 ★★
鉀	787毫克	高 ★★★

煮綠豆粥時，不宜用鐵鍋煮，否則綠豆會變黑。

南瓜＋綠豆 ✓	綠豆與南瓜同食，對夏季傷暑心煩、身熱口渴、赤尿或頭暈乏力等症有一定療效。
薏米＋綠豆 ✓	綠豆和薏米都富含維他命 B_1，一起煮粥食用，可改善膚質，治療腳氣病。

黑豆 清潔血管，促進血液流通

與醋同食，可促進營養元素溶出。

每天適宜吃25~40克

▶ 鉀、皂苷、鈣、鎂

鉀能夠排除人體多餘的鈉，皂苷可清潔血管，促進血液流通，對高血壓、高血脂症患者十分有益。鈣、鎂等礦物質能緩解內臟平滑肌的緊張，擴張血管，促進血液流通，緩解高血壓。

▶ 不飽和脂肪酸、植物固醇

黑豆中的不飽和脂肪酸不會沉積在血管壁上，還可降低血液中膽固醇和三酸甘油酯。另外，黑豆中的植物固醇，可抑制人體吸收膽固醇，降低血液中膽固醇含量。

降壓降脂吃法

黑豆可榨成豆漿服用，或與其他穀類食品一起食用，其營養價值更容易被吸收。

食用貼士

黑豆不宜消化，故消化不良者需慎食。

大蒜黑豆粥

材料：黑豆40克，大米100克，大蒜2頭。

做法：黑豆、大米洗淨，大蒜剝好，同煮成粥即可食用。

黑豆不易消化，消化不良的人建議煮粥、燉湯時適量加入。

營養成分	含量（每100克）	同類食物含量比較
蛋白質	36克	高 ★★★
碳水化合物	33.6克	中 ★★
膳食纖維（非水溶性）	10.2克	高 ★★★
鎂	243毫克	高 ★★★
鋅	4.18毫克	高 ★★★
硒	6.79微克	高 ★★★
鉀	1377毫克	高 ★★★
鈣	224毫克	高 ★★★

穀類＋黑豆 

各種谷類，都適合與黑豆煮粥，不但味道好，還可增加營養價值。

紅糖＋黑豆 

二者搭配，具有滋補肝腎、活血行經、美容烏髮的功效，而且對血虛、氣滯、閉經有一定療效。

製作豆沙包、豆飯、豆粥，都是科學的食用方法。

每天適宜吃50克

赤小豆

擴張血管

降壓關鍵點 ▶ 膳食纖維

赤小豆中的膳食纖維可降低血液中的膽固醇和三酸甘油酯，可達到降血壓、降血脂的效果。

降脂關鍵點 ▶ 亞油酸、豆固醇

赤小豆中的亞油酸和豆固醇，可有效降低體內血清膽固醇，從而控制血脂水平。

降壓降脂吃法

赤小豆可煲湯、煮粥，也可燉菜。也可做成豆沙，做餡食用。其與大米、燕麥片煮粥，有去脂降壓、健脾和胃功效。

食用貼士

痔瘡、腎炎、營養不良引起的水腫患者適宜吃赤小豆。但陰虛且無濕熱者以及小便清長者忌食。

赤小豆蓮藕粥

材料：赤小豆50克，蓮藕20克，大米100克。

做法：赤小豆提前冷水浸泡，洗淨；大米洗淨；蓮藕切片。將所有食材放入砂鍋中，倒水，煮至粥成即可。

營養成分	含量（每100克）	同類食物含量比較
蛋白質	20.2克	高 ★★★
脂肪	0.6克	低 ★
碳水化合物	63.4克	中 ★★
膳食纖維（非水溶性）	7.7克	中 ★★
維他命 B_1	0.16毫克	中 ★★
鎂	138毫克	高 ★★★
鉀	860毫克	高 ★★★

此粥尤其適合深秋食用，滋陰潤肺。

配搭宜忌

紅棗＋赤小豆		紅棗與赤小豆都富含鐵，搭配食用對女性而言有很好的滋補養顏的功效，常食可使氣色紅潤。
南瓜＋赤小豆		南瓜健膚潤膚，赤小豆利尿、消腫，可輔助治療感冒、胃痛、咽喉痛等病症。

餅乾

為什麼不宜多吃餅乾？

1. 餅乾製作過程中可能會加入很多油，從而使油脂含量比較高，容易使血脂升高，對預防高血脂症和心臟病不利。
2. 另外，部分餅乾鈉含量較高，會引發高血壓的發生。即使是無糖餅乾，也要警惕食用。

營養成分	含量（每100克）	同類食物含量比較
熱量	435千卡	高 ★★★
蛋白質	9克	中 ★★
脂肪	12.7克	高 ★★★
碳水化合物	71.7克	高 ★★★
膳食纖維（非水溶性）	1.1克	低 ★
鈣	73毫克	高 ★★★
磷	88毫克	低 ★
鉀	85毫克	低 ★

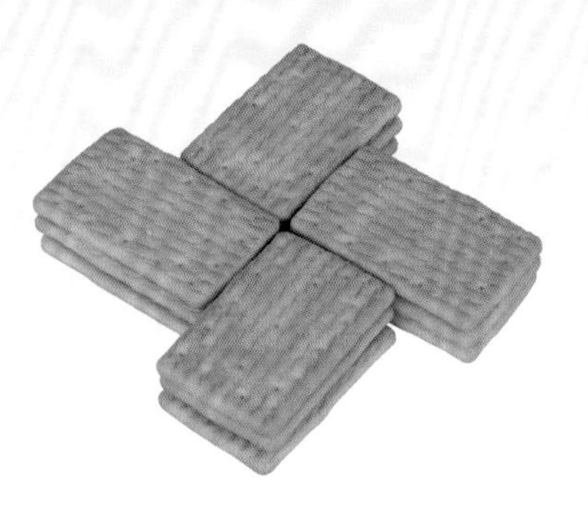

即食麵

為什麼不宜吃即食麵？

大部分即食麵都採用油炸的方法對麵塊進行乾燥，因此即食麵油脂含量高，並含有大量添加劑，容易引起血壓、血脂升高。

高血壓、高血脂症人群尤其不適合乾嚼即食麵，或者食用即食麵醬料包。

營養成分	含量（每100克）	同類食物含量比較
熱量	473千卡	高 ★★★
蛋白質	9.5克	中 ★★
脂肪	21.1克	高 ★★★
碳水化合物	61.6克	中 ★★
膳食纖維（非水溶性）	0.7克	低 ★
維他命 B_1	0.12毫克	低 ★
維他命 B_2	0.06毫克	低 ★

油條

為什麼不宜吃油條？

油條是高熱量、高油脂、低維他命食物，食用後會增加體內脂肪，不利於血壓、血脂的控制，容易發胖，故慎食油條。

營養成分	含量 （每100克）	同類食物 含量比較
熱量	388千卡	中 ★★
蛋白質	6.9克	低 ★
脂肪	17.6克	高 ★★★
碳水化合物	51克	中 ★★
膳食纖維 （非水溶性）	0.9克	低 ★
維他命 B_1	0.01毫克	低 ★
維他命 B_2	0.07毫克	低 ★
鉀	227毫克	中 ★★

湯圓

為什麼不宜吃湯圓？

湯圓以糯米為主材料，糯米質地硬，難消化，為求好吃潤口會加入較多的糖分和油脂，成為高糖、高脂、高熱量的食品，高血壓、高血脂症患者慎食。

營養成分	含量 （每100克）	同類食物 含量比較
熱量	350千卡	中 ★★
蛋白質	7.3克	中 ★★
脂肪	1克	高 ★★★
碳水化合物	78.3克	高 ★★★
膳食纖維 （非水溶性）	0.8克	低 ★
鈣	26毫克	低 ★
鉀	137毫克	中 ★★

月餅

為什麼不宜吃月餅？

月餅是高熱量、高糖、高澱粉食品，一塊中等大小的月餅，所含熱量超過2碗米飯，脂肪量相當於6杯全脂牛奶。吃月餅會增加體內脂肪含量。

營養成分	含量（每100克）	同類食物含量比較
熱量	427千卡	高 ★★★
蛋白質	7.1克	中 ★★
脂肪	15.7克	高 ★★★
碳水化合物	64.9克	中 ★★
膳食纖維（非水溶性）	1.4克	低 ★
鈣	66毫克	高 ★★★
磷	62毫克	低 ★

油餅

為什麼不宜吃油餅？

油餅在製作過程中會加入很多油脂，這些油脂部分被餅吸收，其熱量高、油脂高，會導致肥胖，高血脂症患者、糖尿病人、肝腎功能不全者不宜食用。

營養成分	含量（每100克）	同類食物含量比較
熱量	403千卡	中 ★★
蛋白質	7.9克	中 ★★
脂肪	22.9克	高 ★★★
碳水化合物	42.4克	中 ★★
膳食纖維（非水溶性）	2克	中 ★★
鈣	46毫克	中 ★★
鉀	106毫克	中 ★★

麵包

為什麼不宜吃麵包？

市面上有些麵包加入了芝士、奶油、牛油，含有很高的飽和脂肪酸。一些麵包在製作的過程中，增加了鹽、糖和食用脂肪，含有更高的熱量。高血壓、高血脂症患者不宜食用這類麵包。若食用，應選擇穀物麵包或全麥麵包。

營養成分	含量（每100克）	同類食物含量比較
熱量	313千卡	中★★
蛋白質	8.3克	中★★
脂肪	5.1克	中★★
碳水化合物	58.6克	中★★
膳食纖維（非水溶性）	0.5克	低★
磷	107毫克	中★★

糕點

為什麼不宜吃糕點？

市面上糕點一般為糖製糕點，其所含糖分和熱量很高，不利於高血壓、高血脂症患者食用。另外，“無糖蛋糕”雖然不含蔗糖，但其中的澱粉也會轉化為葡萄糖，糕點中依然含有糖分和熱量，“三高”患者食用此蛋糕應有節制。

營養成分	含量（每100克）	同類食物含量比較
熱量	348千卡	中★★
蛋白質	8.6克	中★★
脂肪	5.1克	中★★
碳水化合物	67.1克	中★★
膳食纖維（非水溶性）	0.4克	低★
磷	130毫克	中★★
鈣	39毫克	中★★

西芹以顏色鮮綠、葉柄厚、頸部內凹為佳。

每天適宜吃50克

西芹 舒張血管平滑肌，降血壓

降壓關鍵點 ▶ 西芹素、蘆丁

西芹所含的西芹素能抑制血管平滑肌增殖，預防動脈硬化，有明顯的降壓作用。西芹中含有的蘆丁可降低毛細血管通透性，還可以對抗腎上腺素的升壓，具有降壓功效。

降脂關鍵點 ▶ 膳食纖維、鋅

西芹中的膳食纖維可降低體內的血清膽固醇、三酸甘油酯和低密度脂蛋白膽固醇。西芹中的鋅元素可穩定體內膽固醇水平，可控制血脂。

食用貼士

脾胃虛寒、腸滑不固、血壓偏低者，不宜吃西芹。

營養成分	含量（每100克）	同類食物含量比較
蛋白質	0.8克	低 ★
脂肪	0.1克	低 ★
碳水化合物	3.9克	低 ★
膳食纖維（非水溶性）	1.4克	中 ★★
維他命E	2.21毫克	中 ★★
鎂	10毫克	低 ★
硒	0.47微克	中 ★★
鋅	0.7毫克	中

新鮮的西芹葉中維他命C含量高，所以食用時最好不要扔掉葉子。

海米＋西芹

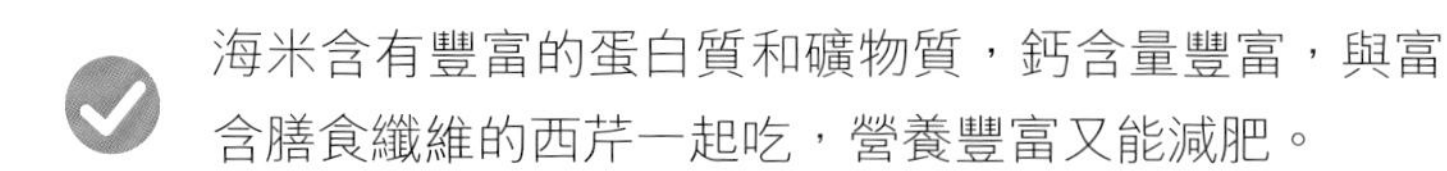

海米含有豐富的蛋白質和礦物質，鈣含量豐富，與富含膳食纖維的西芹一起吃，營養豐富又能減肥。

西瓜＋西芹

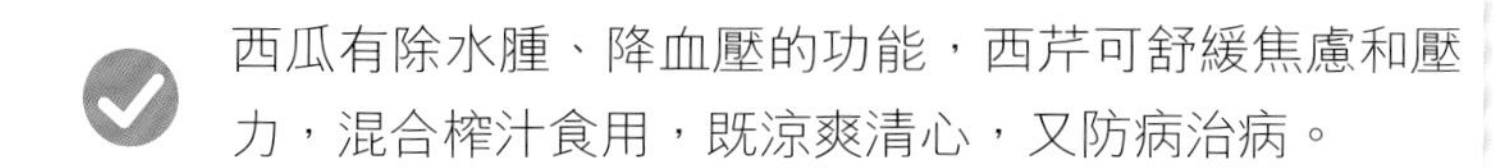

西瓜有除水腫、降血壓的功能，西芹可舒緩焦慮和壓力，混合榨汁食用，既涼爽清心，又防病治病。

苦瓜 保持血管彈性

食用時，選擇青綠色的苦瓜，苦味較淡。

每天適宜吃80克

▶維他命C、鉀

苦瓜富含維他命C，可保持血管彈性，防止動脈硬化，保護心臟。苦瓜中的鉀元素可以保護心肌細胞，降低血壓。

▶苦瓜素、膳食纖維、果膠

苦瓜中的苦瓜素被譽為"脂肪殺手"，能夠減少體內脂肪，控制高血脂症患者體重。苦瓜中的膳食纖維和果膠，可加速膽固醇在腸內的代謝，降低膽固醇含量，從而達到降血脂的目的。

降壓降脂吃法

大多數人喜歡用開水焯苦瓜除苦味，其實會破壞苦瓜的營養成分，因此可採用鹽漬去苦味的方法，將切好的苦瓜加入少量的鹽攪拌均勻，數分鐘後用清水洗淨即可。

食用貼士

脾胃虛寒者不宜食用苦瓜。另外，孕婦也不宜吃苦瓜。

苦瓜雞蛋餅

材料：苦瓜1根，雞蛋3個，葱花、鹽各適量。

做法：將苦瓜去瓤，切片，撒上鹽塗抹均勻，醃5分鐘後洗淨。雞蛋打散，加入葱花、鹽攪勻，放入苦瓜。鍋中倒油燒熱，倒入苦瓜蛋汁，攤成蛋餅，再改小火慢慢煎，待苦瓜熟透即可。

營養成分	含量（每100克）	同類食物含量比較
蛋白質	1克	低 ★
脂肪	0.1克	低 ★
碳水化合物	4.9克	低 ★
膳食纖維（非水溶性）	1.4克	中 ★★
維他命 B_1	0.03毫克	中 ★★
維他命 B_2	0.03毫克	中 ★★
維他命C	56毫克	高 ★★★
鉀	256毫克	中 ★★

將苦瓜切薄片，先醃15分鐘再攤雞蛋，苦味會變淡一點。

茄子＋苦瓜  苦瓜清心明目、益氣壯陽，茄子去痛活血、清熱消腫、解痛利尿，二者是心血管患者的最佳飲食搭配。

沙丁魚＋苦瓜  沙丁魚與苦瓜一起吃，很容易引起過敏，為健康着想，最好分開來吃。

宜選有刺狀凸起的黃瓜，不宜選手摸發軟、尾端發黃的。

每天適宜吃150克

黃瓜

減肥降脂雙重功效

▶ 蘆丁、維他命B_3

黃瓜中的蘆丁可減少血管脆性，降低血管通透性，促進血液循環，有保護心血管、降壓的作用。黃瓜所含有的維他命B_3可以促使末梢血管擴張並降低血液中的膽固醇。

▶ 丙醇二酸、膳食纖維

黃瓜含有丙醇二酸，可抑制糖類轉化為脂肪。黃瓜中含有豐富的膳食纖維，可降低血液中膽固醇的含量。

降壓降脂吃法

涼拌黃瓜時可放適量蒜末和醋，有降壓、降脂功效。黃瓜中維他命含量較低，可與其他蔬菜搭配食用。

食用貼士

體質虛弱、脾胃虛寒者不宜多吃黃瓜。高血壓或有心血管疾病患者忌食醃黃瓜，因為醃黃瓜含鈉較多。

黃瓜雲耳湯

材料：黃瓜150克，雲耳20克，鹽適量。

做法：黃瓜切小塊，雲耳水發去蒂。鍋中倒油，雲耳下鍋爆炒，添水煮沸，倒入黃瓜，加鹽調味即可。

做湯時，加入黃瓜當配料，降脂減肥又爽口。

營養成分	含量（每100克）	同類食物含量比較
蛋白質	0.8克	低 ★
脂肪	0.2克	低 ★
碳水化合物	2.9克	低 ★
膳食纖維（非水溶性）	0.5克	低 ★
維他命C	9毫克	低 ★
水分	95.8克	高 ★★★
鉀	102毫克	低 ★

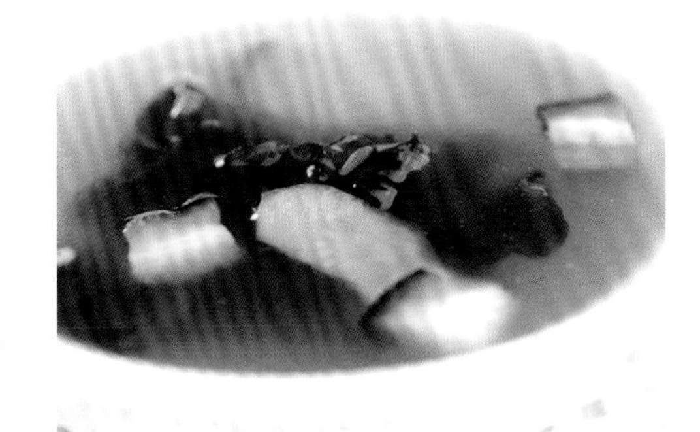

大蒜＋黃瓜  二者搭配，可抑制體內的糖類轉變為脂肪，降低膽固醇，對減肥者很有幫助。

山楂＋黃瓜  山楂有降低血壓、促進胃腸消化的作用，與黃瓜搭配，可除熱、解毒、利水，還有減肥功效。

南瓜的棱越深，瓜瓣越鼓，說明瓜越老，甜又麵。

每天適宜吃150~200克

南瓜 排出體內多餘鈉

降壓關鍵點 ▶ 礦物質

南瓜中含有豐富的礦物質，而且鈉元素的含量很低，有利於高血壓患者預防血壓升高。

降脂關鍵點 ▶ 果膠

南瓜所含的果膠能和體內多餘的膽固醇結合，減少膽固醇的吸收，使血液中膽固醇濃度下降。南瓜脂肪含量很低，是很好的低脂食品。

降壓降脂吃法

可蒸熟食用，也可煮成南瓜粥食用，或加綠豆熬製綠豆南瓜湯，具有清熱解毒、消暑止渴、利水消腫之功效。

食用貼士

南瓜性溫，體胃熱熾盛者少食，體寒者可多食。南瓜還是發物之一，服用中藥期間不宜食用。

南瓜粥

材料：小南瓜1個，大米100克。

做法：小南瓜去皮、瓤，切丁；大米洗淨，煮粥，快成時倒入南瓜丁，煮至南瓜丁變軟即可。

南瓜切開後，顏色越深，燉出來的湯口感越好。

營養成分	含量（每100克）	同類食物含量比較
蛋白質	0.7克	低 ★
脂肪	0.1克	低 ★
碳水化合物	5.3克	低 ★
維他命C	8毫克	低 ★
水分	95.3克	高 ★★★
胡蘿蔔素	890微克	中 ★★

蝦皮＋南瓜

蝦皮與南瓜一起吃，再加點紫菜，有護肝補腎強體的功效。適宜肝腎功能不全者食用。

辣椒＋南瓜

南瓜中的維他命 C 分解酶會破壞辣椒中的維他命 C，降低其營養價值。

冬瓜 減少脂肪堆積

降壓關鍵點 ▶ 丙醇二酸

冬瓜中含有的丙醇二酸，對預防血液黏稠及由此導致的血壓升高等疾病有利。另外，冬瓜有利尿作用，能輔助降壓，對高血壓患者較為適宜。

降脂關鍵點 ▶ 維他命 B_3、丙醇二酸

冬瓜所含的維他命 B_3，能降低血液中膽固醇、三酸甘油酯、β-脂蛋白的含量，達到控制血脂的目的。冬瓜中的丙醇二酸除降血壓外，也能抑制澱粉、糖類轉化為脂肪，防止體內脂肪堆積。

降壓降脂吃法

冬瓜可煲湯，也可素炒。冬瓜與海帶一同燉湯，有清熱利水、去脂降壓的功效。

食用貼士

夏天氣候炎熱，心煩氣躁，悶熱不舒服時可食冬瓜。熱病口乾煩渴，小便不利者也適合吃冬瓜。但冬瓜性寒涼，脾胃虛寒易泄瀉者要慎用。久病與陽虛肢冷者忌食。

小白菜冬瓜湯

材料：小白菜一小把，冬瓜50克，鹽適量。

做法：小白菜洗淨，去根切段；冬瓜去皮切塊。鍋中倒水，二者入鍋，小火燉煮10分鐘，加鹽調味即可。

營養成分	含量（每100克）	同類食物含量比較
蛋白質	0.4克	低 ★
脂肪	0.2克	低 ★
碳水化合物	2.6克	低 ★
膳食纖維（非水溶性）	0.7克	低 ★
維他命C	18毫克	低 ★
硒	0.22微克	低 ★

冬瓜易被煮爛，因此燉湯時不要放太早。

紅棗＋冬瓜		二者搭配，可補脾和胃、益氣生津，常食可消除體內多餘的脂肪，具有減肥降脂的作用。
蘆荀＋冬瓜		蘆荀清熱、降脂、降壓、抗癌，配以甘淡微寒、清熱利尿的冬瓜，對人體有很好的保健作用。

水瓜 增強免疫力

皮薄的水瓜最鮮嫩，最宜食用。

每天適宜吃100~200克

降壓關鍵點 ▶ 維他命B雜

水瓜中所含有的維他命B雜有利於中老年人腦血管保健，增強血管彈性，防止高血壓引起的腦溢血等併發症。

降脂關鍵點 ▶ 水溶性膳食纖維

水瓜中所含的水溶性膳食纖維可將腸道內多餘脂肪隨糞便排出體外，減少體內血脂，維護心腦血管正常功能。

降壓降脂吃法

水瓜不宜生吃，可烹食、煎湯服用。水瓜可搭配雞蛋或者蝦米一同烹炒，使其營養功效發揮到最佳。水瓜汁水豐富，建議現切現做，以保護汁水中的營養成分。

食用貼士

體弱、虛寒、腹瀉者不宜多食水瓜。

水瓜雞蛋湯

材料：水瓜1根，雞蛋2個，鹽、油各適量。

做法：水瓜洗淨切片；雞蛋加鹽打散，倒入油鍋中炒至成形。加入水、雞蛋，煮沸後滴少許油，倒水瓜片，煮至水瓜斷生，加少許鹽即可。

水瓜雞蛋湯，清淡才好吃，不要放太多的鹽、油等調料。

營養成分	含量（每100克）	同類食物含量比較
蛋白質	1克	低 ★
脂肪	0.2克	低 ★
膳食纖維（非水溶性）	0.6克	低 ★
維他命B_2	0.04毫克	中 ★★
磷	29毫克	中 ★★

配搭宜忌

菊花＋水瓜	✓	二者搭配食用，有祛風化痰、清熱解毒、涼血止血的功效，常食還可養顏、潔膚、除雀斑。
蝦米＋水瓜	✓	蝦米與止咳平喘、清熱解毒、涼血止血的水瓜搭配，具有滋肺陰、補腎陽的功效。

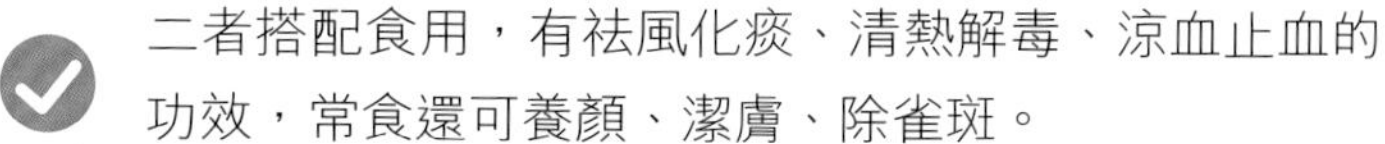

蘿蔔主泄，胡蘿蔔為補，
二者最好不要同食。

每天適宜吃50~100克

蘿蔔 抑制血壓上升

▶維他命C

蘿蔔中含有的維他命C可以防止體內有害物質侵害體內動脈血管細胞，有助於降低血壓。

▶芥子油、維他命、磷

蘿蔔中所含的芥子油可促進胃腸蠕動，有助於膽固醇和脂肪隨體內廢物的排出。蘿蔔中所含維他命和磷等營養成分可預防動脈硬化等病症。

降壓降脂吃法

蘿蔔可生食、調成涼菜，也可炒食或煲湯。蘿蔔含糖多，質地脆，做涼拌菜口感好。另外，將白蘿蔔切成片或絲，加糖涼拌或熱炒，能起到降氣化痰平喘的作用。

食用貼士

蘿蔔性寒涼，體質偏寒者、脾胃虛寒者不宜多食。另外服用人參、西洋參、地黃時不要同時吃蘿蔔，以免藥效相反，起不到補益作用。

海帶蘿蔔湯

材料：蘿蔔半個，海帶100克，鹽少許。

做法：海帶洗淨，溫水泡發，切絲；蘿蔔洗淨，切絲。海帶絲放入砂鍋中，加水大火煮沸，再將蘿蔔絲倒入鍋中，小火煨燉，加鹽調味，煮至熟爛即可。

營養成分	含量（每100克）	同類食物含量比較
蛋白質	0.9克	低★
脂肪	0.1克	低★
碳水化合物	5克	低★
膳食纖維	1克	低★
胡蘿蔔素	20微克	低★
維他命C	21毫克	中★★
維他命E	0.92毫克	中★★
磷	26毫克	中★★

秋冬季節可多用蘿蔔燉湯。

橘子＋蘿蔔

蘿蔔中的硫氰酸，會同橘子發生反應，其中的類黃酮物質在腸道經細菌分解後就會轉化為抑制甲狀腺作用的硫氰酸，進而誘發甲狀腺腫大。

選購時，要買肉厚、心小、較短的胡蘿蔔。

胡蘿蔔 防止血管硬化

每天適宜吃60克

琥珀酸鉀、槲皮素、山萘酚

胡蘿蔔所含的琥珀酸鉀，有助於防止血管硬化，降低膽固醇，對防治高血壓有一定效果。胡蘿蔔中的槲皮素、山萘酚可增加冠狀動脈血流量，有降壓、強心功效，促進腎上腺素合成。

膳食纖維、胡蘿蔔素

胡蘿蔔中的膳食纖維有助於食物消化和腸道內多餘脂肪的排出。胡蘿蔔中的胡蘿蔔素在體內轉變成維他命A和木質素，可提高高血壓、高血脂症患者機體的免疫功能。

降壓降脂吃法

胡蘿蔔與大米一同煮粥，適合高血壓和高血脂症患者作早晚餐食用。也可榨汁食用。

食用貼士

胡蘿蔔不要一次吃太多，過量食用會導致皮膚呈橙黃色。飲酒時不宜吃胡蘿蔔，二者會在肝臟中產生毒素，嚴重危害肝臟健康。

牛肉胡蘿蔔湯

材料：牛肉100克，胡蘿蔔1根，料酒、大料、薑片、鹽、花椒各適量。

做法：牛肉洗淨，切片，用沸水略煮，撇去浮沫；加入花椒、大料、薑片、料酒，小火煨；將胡蘿蔔切片；待牛肉煮至七成熟時，將胡蘿蔔片放鍋中，加鹽適量；煮熟後即成。

營養成分	含量（每100克）	同類食物含量比較
蛋白質	1克	低 ★
脂肪	0.2克	低 ★
碳水化合物	8.8克	低 ★
膳食纖維（非水溶性）	1.1克	中 ★★
胡蘿蔔素	4130微克	高 ★★★
維他命B_2	0.03毫克	中 ★★
硒	0.63微克	中 ★★

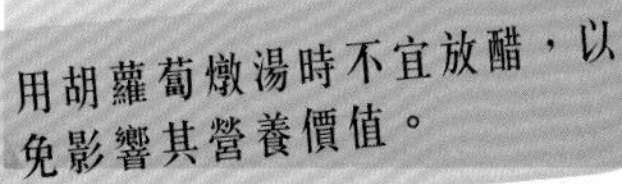
用胡蘿蔔燉湯時不宜放醋，以免影響其營養價值。

菠菜＋胡蘿蔔  胡蘿蔔與菠菜同食，可以保持腦血管暢通，降低中風的發生率。

白蘿蔔＋胡蘿蔔  胡蘿蔔含有分解酶，會破壞白蘿蔔中的維他命C，使兩種蘿蔔的營養價值大為降低。

凡長出嫩芽的薯仔已含毒素，不宜食用。

每天適宜吃120克

薯仔

排出體內多餘鈉

降壓關鍵點 ▶ **鉀**

薯仔中的鉀能夠幫助人體排出多餘的鈉，以達到防止血壓升高的目的。

降脂關鍵點 ▶ **維他命C**

薯仔中的維他命C可促進膽固醇的分解，有效降低膽固醇和三酸甘油酯水平。

降壓降脂吃法

薯仔可涼拌、烹炒等多種方式食用。但在食用時要去皮，有芽眼的地方一定要處理乾淨，以免中毒。

食用貼士

長期存放可以將薯仔與蘋果、香蕉放在一起，以防止薯仔發芽。切好的薯仔絲或片不能長時間浸泡，否則會造成水溶性維他命等營養流失。

豆芽薯仔湯

材料：薯仔1個，豆芽、鹽、葱花、薑絲、花椒、料酒各適量。

做法：薯仔去皮切條，豆芽洗淨。鍋中下油，倒入花椒、葱花和薑絲炒香，下薯仔條翻炒。炒成金黃色後下豆芽，略炒，倒入料酒。添水至沒過豆芽，煮15分鐘左右，加鹽即可。

營養成分	含量（每100克）	同類食物含量比較
蛋白質	2克	低 ★
脂肪	0.2克	低 ★
碳水化合物	17.2克	低 ★
胡蘿蔔素	30微克	低 ★
維他命 B_2	0.04毫克	中 ★★
硒	0.78微克	中 ★★
鉀	342微克	中 ★★
維他命C	27毫克	中 ★★

燉湯時，不小心放太多鹽時，可再加薯仔稀釋鹹味。

配搭		說明
豆角＋薯仔	✔	二者一起食用，既能調理消化系統，消除胸悶脹滿的症狀，還可防治急性腸胃炎。
牛奶＋薯仔		薯仔富含碳水化合物和維他命，牛奶富含蛋白質和鈣，兩者同食，可達到營養互補的作用。

番薯一定要煮熟透才吃，否則難以消化。

每天適宜吃150克

番薯 既降膽固醇又保護血管健康

降壓關鍵點 ▶ 黏蛋白

番薯所含的黏蛋白，能夠保護黏膜並促進體內膽固醇排泄，維持血管壁彈性，降低血壓。

降脂關鍵點 ▶ 膠原纖維素、胡蘿蔔素

番薯富含膠原纖維素，能抑制膽汁在小腸的吸收，膽汁對膽固醇有消化作用，從而降低血液中的膽固醇。番薯中的胡蘿蔔素是抗氧化劑，可降低膽固醇，預防高血脂症。

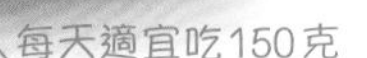

營養成分	含量（每100克）	同類食物含量比較
蛋白質	1.1克	低 ★
脂肪	0.2克	低 ★
碳水化合物	24.7克	中 ★★
膳食纖維（非水溶性）	1.6克	中 ★★
維他命B_1	0.04毫克	中 ★★
維他命B_2	0.04毫克	中 ★★
胡蘿蔔素	750微克	中 ★★

降壓降脂吃法

番薯可通過各種烹調方法做成美味食物。可做成番薯稀飯，番薯所含蛋白質質量高，可彌補大米白麵中的營養缺失，適合與主食搭配。

食用貼士

番薯含有"氣化酶"，吃多會產生腹脹、燒心、吐酸水等現象，因此一次不能吃得過多，而且最好與米麵或蔬菜搭配著吃。

番薯小米粥

材料：番薯1個，小米30克。

做法：番薯洗淨、切塊，放入鍋內加水煮。小米洗淨，待番薯煮一會兒後，放入鍋內同煮至番薯綿軟即可。

在番薯粥中加入小米同煮，降壓降脂更養胃。

配搭宜忌

蓮子＋番薯	✔	番薯和蓮子做成粥，適宜大便乾燥、習慣性便秘、慢性肝病、癌症患者等食用，還有美容功效。
排骨＋番薯	✔	排骨和番薯一同料理，可去除油膩感，易於入口，還能為人體提供充足膳食纖維。

泡發乾雲耳時，最好用溫水。

雲耳 清理腸胃

每天適宜吃50克

降壓關鍵點 ▶ 鉀、植物膠原

雲耳中的鉀含量豐富，不僅可促進體內多餘的鈉排出體外，也可擴張血管，降低血壓。植物膠原成分，具有較強的吸附作用，有利排出膽固醇和有害物質，對高血壓等病症有良好的食療作用。

降脂關鍵點 ▶ 類核酸物質

雲耳含有的類核酸物質，可以降低血液中膽固醇和三酸甘油酯水平，改善冠心病、動脈硬化病情。雲耳中有一種成分能夠抑制血小板聚集，可阻止膽固醇在血管壁上沉積，防止血栓形成。

降壓降脂吃法

乾雲耳食用前用水浸泡，換水兩三遍後再食用。可涼拌，也可炒食。涼拌能夠保留雲耳大部分營養，炒食不宜放醬油。

食用貼士

雲耳適合心腦血管疾病、結石症患者食用。有出血性疾病、腹瀉的人不宜食用雲耳。

雲耳湯

材料：紅棗、雲耳各15克，冰糖適量。

做法：紅棗洗淨去核，雲耳溫水泡發，放入蒸碗中，加水適量，同蒸1小時後，加冰糖調味食用。

無論是燉湯還是炒食，都不宜放醬油。

營養成分	含量（每100克）	同類食物含量比較
蛋白質	12.1克	高 ★★★
脂肪	1.5克	中 ★★
碳水化合物	65.6克	高 ★★★
膳食纖維（非水溶性）	29.9克	高 ★★★
維他命 B_1	0.19毫克	高 ★★★
維他命 B_2	0.44毫克	高 ★★★
鉀	755毫克	高 ★★★

豆腐＋雲耳  雲耳及豆腐均為健康食品，一起吃可降低人體內的膽固醇，預防高血脂症的發生。

黃瓜＋雲耳  生黃瓜有減肥功效，雲耳有強身、補血的作用，二者同食可以平衡營養。

泡發後，要去掉未發開的部分，尤其是淡黃色的部分。

銀耳

增強血管正常生理機能

每天適宜吃15克（水發）

▶銀耳多糖

銀耳多糖可降低血液內的膽固醇、三酸甘油酯，防止動脈粥樣硬化，增強血管正常生理機能，促進血液循環，從而降低血壓。

▶鎂、磷脂、膠質

鎂可以清除血清中多餘的膽固醇。另外，銀耳中還有磷脂、膠質和維他命B_3等營養物質，有保護高血壓、高血脂症患者肝臟的作用。

降壓降脂吃法

銀耳主要以煲湯、煮粥為主，與冰糖、山楂和大米搭配煮粥，可滋陰生津、補虛益氣，適合高血壓、高血脂症患者食用。

食用貼士

冰糖銀耳湯雖可解暑，但不適合風寒咳嗽者食用，以免病情加重。另外，熟銀耳要盡快食用，不可久放。

銀耳雪梨湯

材料：雪梨1個，銀耳15克，冰糖適量。

做法：雪梨洗淨，切塊；銀耳水泡發，去蒂洗淨，撕成小朵。鍋置火上，加水，放入雪梨和銀耳，加冰糖燒開，撇去浮沫，用小火熬10分鐘即可。

營養成分	含量（每100克）	同類食物含量比較
蛋白質	10克	高★★★
脂肪	1.4克	中★★
碳水化合物	67.3克	高★★★
膳食纖維（非水溶性）	30.4克	高★★★
鉀	1588毫克	高★★★
磷	369毫克	高★★★
鎂	54毫克	中★★

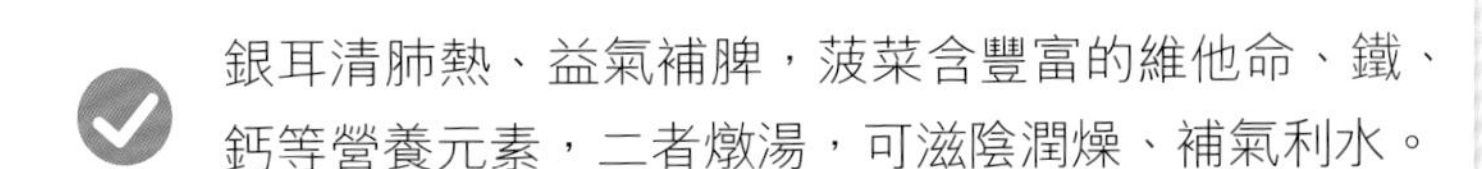

銀耳燉湯前，撕小片一點，太大了喝湯時不方便。

菠菜＋銀耳	✔	銀耳清肺熱、益氣補脾，菠菜含豐富的維他命、鐵、鈣等營養元素，二者燉湯，可滋陰潤燥、補氣利水。
雲耳＋銀耳		銀耳補腎潤肺、生津提神，雲耳益氣潤肺、養血養容，二者同食，對久病體弱、腎虛腰背痛效果很好。

鮮牛蒡根煮食，具有抗癌的功效，故不要丟棄。

每天適宜吃100~150克

牛蒡

清除體內多餘膽固醇

降壓關鍵點 ▶ 牛蒡苷、膳食纖維

牛蒡果實中含有的牛蒡苷，有擴張血管、降低血壓、抗菌的作用。牛蒡根中所含的膳食纖維，可吸附腸道內多餘的鈉，並使其隨糞便排出體外，從而達到降血壓的目的。

降脂關鍵點 ▶ 膳食纖維

牛蒡中的膳食纖維可以促進大腸蠕動，幫助排便，降低體內膽固醇，減少毒素、廢物在體內積存，防止血脂升高。

降壓降脂吃法

牛蒡食用方法很多，可做菜或可煲湯，也可入藥。

食用貼士

老年血管硬化、中風後半身不遂患者適宜食用牛蒡根粥。另外，鮮牛蒡根煮食有抗癌功效。

牛蒡炒肉絲

材料：牛蒡500克，牛里脊肉200克，鹽適量。

做法：牛蒡削皮，洗淨，切絲，在鹽水中浸泡，下鍋前撈起瀝乾；牛里脊肉洗淨，切絲。鍋燒熱下油，先下肉絲略炒，再下牛蒡絲，加鹽及適量水，燜煮至肉與牛蒡熟軟即可。每次適量食用。

牛蒡富含膳食纖維，在炒製時爆炒幾下即可。

營養成分（牛蒡葉）	含量（每100克）	同類食物含量比較
蛋白質	4.7克	中 ★★
脂肪	0.8克	低 ★
碳水化合物	5.1克	低 ★
膳食纖維（非水溶性）	2.4克	中 ★★
鈣	242毫克	高 ★★★
磷	61毫克	中 ★★
鐵	7.6毫克	中 ★★

配搭宜忌

牛里脊肉＋牛蒡 

牛里脊肉含豐富蛋白質，牛蒡可提高細胞活力，二者搭配，可有效預防慢性疾病。

最好選擇用手指輕輕一掐即斷的嫩油菜。

油菜 有效排出多餘脂肪

每天適宜吃150克

降壓關鍵點

鐵、鈣

油菜中富含鐵和鈣，可起到降血壓、保持血壓正常的作用，其中鐵還可以預防老年性貧血。

降脂關鍵點

膳食纖維

油菜屬於低脂肪蔬菜，且富含膳食纖維，能與腸道內的多餘脂肪結合，並隨糞便排出，從而減少脂肪的吸收，有降血脂的作用。

降壓降脂吃法

油菜可炒食，宜用大火快炒，以免破壞油菜的營養成分。

食用貼士

油菜性偏寒，脾胃虛寒、大便溏瀉者最好少食用。另外，烹製熟的油菜過夜後最好不要再食用，會造成亞硝酸鹽沉積，易引發癌症。

冬菇油菜

材料：油菜250克，冬菇6朵，鹽適量。

做法：油菜洗淨，切成段，梗葉分置；冬菇溫開水泡開去蒂，切成小塊。鍋置火上，放油燒熱，先放油菜梗，至六七成熟，加鹽，再下油菜葉同炒幾下。放入冬菇和浸泡冬菇的溫開水，燒至菜梗軟爛，加入鹽調勻即成。每次適量食用。

營養成分	含量（每100克）	同類食物含量比較
蛋白質	1.8克	低 ★
脂肪	0.5克	低 ★
碳水化合物	3.8克	低 ★
膳食纖維（非水溶性）	1.1克	中 ★★
維他命 B_1	0.04毫克	中 ★★
維他命 B_2	0.11毫克	高 ★★★
鈣	108毫克	高 ★★★
鐵	1.2毫克	中 ★★

冬菇清香爽滑，油菜嫩綠清脆，是降壓降脂的首選菜。

配搭宜忌

雞肉＋油菜  二者同食，可強化肝臟，美化肌膚，適宜肥胖者及高血壓、冠心病、腦血管病、骨質軟化等患者食用。

蝦仁＋油菜  二者搭配可為人體提供豐富的維他命和鈣質，還能消腫散淤、清熱解毒。

通菜 促進血液循環

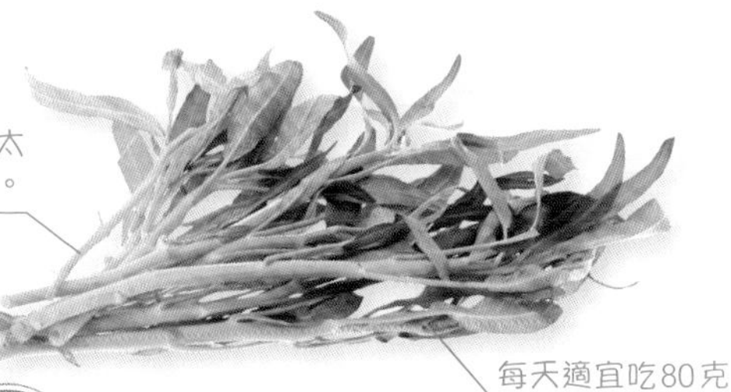

挑選無黃斑、莖部不太長、葉子寬大新鮮的為佳。

每天適宜吃80克

降壓關鍵點 ▶ 鉀、黃酮類物質

鉀離子可將體內多餘水分排出體外，以降低血壓。黃酮類物質可有效清除血管中的自由基，保持血管暢通和彈性。

降脂關鍵點 ▶ 維他命 B_3、維他命 C

維他命 B_3、維他命 C 能夠降低膽固醇和三酸甘油酯，改善血液循環，維他命 B_3 還參與碳水化合物、蛋白質和脂肪的代謝，具有降脂功效。

降壓降脂吃法

通菜可炒食，但宜用大火快炒，以免營養流失。也可加蒜汁、醋等調料調成涼菜食用，可軟化血管，降低血壓。

食用貼士

通菜性寒，脾胃虛寒、腹脹腹瀉者不宜食用。便秘者可以通過食用通菜促進胃腸蠕動，緩解病情。

清炒通菜

材料：通菜200克，大蒜、鹽、麻油、醬油各適量。

做法：通菜洗淨切段；大蒜洗淨切末。通菜放入沸水鍋中焯一下，撈出瀝乾。鍋中放油，下蒜末爆香，放入通菜拌炒，加鹽、醬油調味，出鍋前淋麻油即可。每次適量食用。

營養成分	含量（每100克）	同類食物含量比較
蛋白質	2.2克	低 ★
脂肪	0.3克	低 ★
碳水化合物	3.6克	低 ★
膳食纖維（非水溶性）	1.4克	中 ★★
維他命 B_1	0.03毫克	中 ★★
維他命 B_2	0.08毫克	中 ★★
維他命C	25毫克	中 ★★
鎂	29毫克	中 ★★
鉀	243毫克	中 ★★

配搭宜忌

白蘿蔔＋通菜 ✔ 連根通菜和白蘿蔔一同榨汁，用蜂蜜調服，可以治療肺熱出血、鼻出血或尿血。

紅辣椒＋通菜 ✔ 二者同食，味道甘爽甜美，富含維他命和礦物質，還可降壓、解毒、消腫。

以菜梗紅短、葉子新鮮有彈性的菠菜為佳。

每天適宜吃100克

菠菜 改善血脂狀況

降壓關鍵點 ▶ 維他命C、礦物質、鐵

維他命C可降低膽固醇和三酸甘油酯，對高血壓有預防作用。礦物質能促進人體新陳代謝，降低中風危險；鐵可預防缺鐵性貧血。

降脂關鍵點 ▶ 膳食纖維、胡蘿蔔素

膳食纖維可促使腸道內多餘脂肪排出體外，降低血脂。胡蘿蔔素能夠改善人體的血脂水平，可預防動脈硬化等高血脂症併發症。

降壓降脂吃法

吃菠菜前先用沸水焯燙後再食用，可降低草酸含量，從而避免影響對鈣的吸收。在吃菠菜時最好同時吃些鹼性食品，可促使草酸排出體外。

食用貼士

菠菜不適宜腎炎、腎結石患者食用。菠菜草酸含量較高，一次不可食用過多。另外脾虛便溏者不宜多食。

菠菜魚片湯

材料：鯉魚1條，菠菜100克，火腿25克，葱段、薑片、鹽、料酒各適量。

做法：將鯉魚清理乾淨後切成薄片，用鹽、料酒醃漬半小時；菠菜洗淨切段，火腿切末。鍋中倒油，待油燒至五成熱時下入薑片、葱段；爆香後下魚片略煎，然後加入水、料酒，用大火煮沸；改用小火燜20分鐘，投入菠菜段，撒入火腿末，放鹽即成。

營養成分	含量（每100克）	同類食物含量比較
蛋白質	2.6克	低 ★
脂肪	0.3克	低 ★
碳水化合物	4.5克	低 ★
膳食纖維（非水溶性）	1.7克	中 ★★
胡蘿蔔素	2920微克	高 ★★★
維他命B_1	0.04毫克	中 ★★
維他命C	32毫克	中 ★★
鈣	66毫克	中 ★★
鐵	2.9毫克	中 ★★

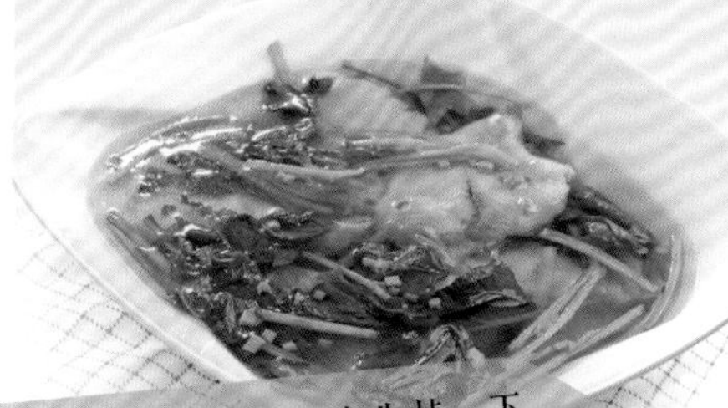

即使是燉湯，也要事先焯一下菠菜，去除草酸。

配搭宜忌

雞血＋菠菜	✔	菠菜中的鈣含量高於磷含量，搭配磷含量高於鈣含量的雞蛋，有助於人體達到鈣與磷的攝取平衡。
豆腐＋菠菜	✖	菠菜中含有的草酸與豆腐中的鈣結合，會影響人體對鈣的吸收，應先將菠菜焯燙後再與豆腐同煮。

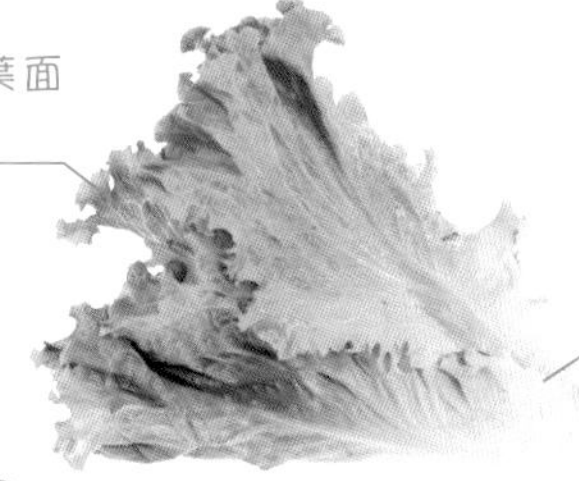

新鮮的生菜葉脆，葉面有誘人的光澤。

每天適宜吃50克

生菜 消除體內多餘脂肪

降壓關鍵點 ▶ **甘露醇、葉酸**

生菜中的甘露醇，有促進血液循環的作用。另外，生菜中含有的葉酸，可降低患血管疾病的危險，從而保護心臟。

降脂關鍵點 ▶ **萵苣素**

生菜所含萵苣素具有降低膽固醇的作用。再加上生菜熱量低，可幫助高血壓、高血脂症患者減輕體重。

降壓降脂吃法

生菜可生食，也可炒食。生菜生食時最好用手撕成片，而不是用刀切，這樣可保持生菜本身的纖維組織。另外，生菜烹調時間不宜過長，否則會損壞其中的營養成分。

食用貼士

生菜對乙烯非常敏感，因此在儲存時應遠離蘋果、梨、香蕉等水果，以免使生菜產生褐色斑點而無法食用。生菜不能和鹼性藥物同服。

營養成分	含量（每100克）	同類食物含量比較
蛋白質	1.3克	低 ★
脂肪	0.3克	低 ★
碳水化合物	2克	低 ★
維他命C	13毫克	低 ★
鉀	170毫克	中 ★★
磷	27毫克	中 ★★

配搭宜忌

配搭	宜忌	說明
豆腐＋生菜	✔	二者同食不但能為人體提供豐富的營養，還具有清肝利膽、滋陰補腎、增白皮膚的作用。
海帶＋生菜	✔	海帶中鐵元素含量豐富，與生菜中的維他命C搭配，可促進人體對鐵元素的吸收利用。

大白菜 防止動脈硬化

購買時，最好不要將外葉去掉。可保護大白菜，延長其保存期限。

每天適宜吃100克

降壓關鍵點 ▶ 維他命C

大白菜中富含的維他命C能夠降低體內的血清膽固醇和三酸甘油酯，可控制高血壓，並且可保持血管彈性，防止動脈硬化，保護心臟。

降脂關鍵點 ▶ 果膠

大白菜中所含的果膠可幫助人體排出多餘膽固醇，控制體內膽固醇含量，保持血脂平衡。

降壓降脂吃法

白菜可煲湯、可炒食，但高血壓、高血脂症患者最好少吃醃製的酸白菜。

食用貼士

忌食隔夜的熟白菜。大白菜性偏寒涼，氣虛胃寒、大便溏瀉者不可多食大白菜。另外在切大白菜時，順絲切大白菜易熟。

醋溜白菜

材料：大白菜100克，醋、鹽、料酒、澱粉各適量。

做法：大白菜洗淨，把嫩幫切成薄片。鍋內加水燒沸，放入大白菜，焯水，瀝去水分。將醋、鹽和料酒調成調味汁。加油燒熱，放入大白菜略煸炒後，倒入調味汁，翻炒後以澱粉勾芡，裝盤即成。可用彩椒做裝飾。

營養成分	含量（每100克）	同類食物含量比較
蛋白質	1.5克	低 ★
脂肪	0.1克	低 ★
碳水化合物	3.2克	低 ★
維他命B_1	0.04毫克	中 ★★
維他命B_2	0.05毫克	中 ★★
維他命C	31毫克	中 ★★
鋅	0.38毫克	中 ★★

醋可軟化血管，有降低血壓的作用。

蛋黃醬＋大白菜 

白菜中的維他命C與蛋黃醬中的維他命E，可護膚、防衰老、抗癌，還可促進血液循環。

瘦肉＋大白菜 

白菜中的維他命C與瘦肉中的蛋白質結合，有助於合成膠原蛋白，預防黑斑和雀斑，美白，消除疲勞。

椰菜 降低膽固醇，預防血栓

鉀、維他命C

椰菜中的鉀元素可幫助排出人體多餘的鈉，防止血壓升高。椰菜中所含的維他命C能夠降低體內的血清膽固醇和三酸甘油酯，起到控制血壓的作用。

生物活性物質

椰菜中含有生物活性物質，對預防血栓等疾病有食療作用。

降壓降脂吃法

椰菜可炒食，也可煲湯。煲湯時要等湯煮開後再放入椰菜，以免營養成分流失。

食用貼士

椰菜適合動脈硬化、膽結石症患者、肥胖患者食用。脾胃虛寒、泄瀉者不宜多食。

由於其含有豐富的葉酸，孕婦、貧血者宜多食。

瘦肉椰菜粥

材料：大米150克，椰菜100克，豬瘦肉50克，鹽適量。

做法：椰菜洗淨切絲；豬瘦肉切丁；大米洗淨，小火煮粥。瘦肉丁加鹽略炒。待大米熬至爛熟時，加入椰菜絲和炒好的瘦肉丁，攪拌均勻，略煮即可。

營養成分	含量（每100克）	同類食物含量比較
蛋白質	1.5克	低 ★
脂肪	0.2克	低 ★
碳水化合物	4.6克	低 ★
胡蘿蔔素	70微克	低 ★
磷	26毫克	中 ★★
硒	0.96微克	中 ★★
鉀	124毫克	低 ★
維他命C	46毫克	中 ★★

做此粥時，可以用手撕椰菜，因為刀切易造成營養素的過多流失。

番茄＋椰菜  二者搭配食用，具有益氣生津的功效，適合糖尿病患者食用。

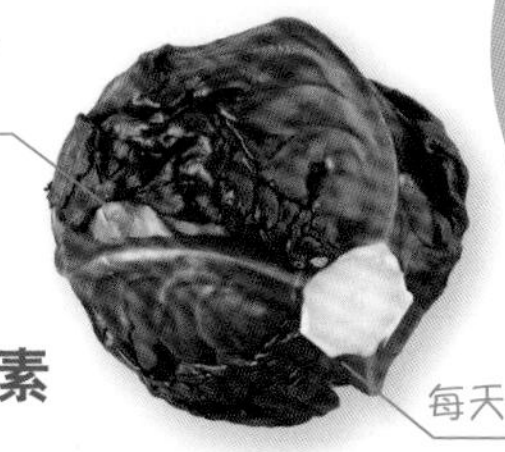

紫椰菜 有效排出體內鈉元素

降壓關鍵點 ▶ 鉀

紫椰菜所含的鉀，可幫助排除體內的鈉，防止鈉含量過高所引起的血壓升高和血管損傷，達到控制血壓的效果。

降脂關鍵點 ▶ 膳食纖維、鐵

紫椰菜中的膳食纖維可促進腸道蠕動，排除多餘脂肪，從而降低膽固醇水平。紫椰菜中的鐵元素，有助於機體燃燒脂肪，從而達到降脂功效。

降壓降脂吃法

紫椰菜可生食，也可炒食。生食可保持其中營養成分。若炒食宜用急火快炒，以減少紫椰菜中維他命C的損失。

食用貼士

紫椰菜容易生蟲，菜農會往菜上噴灑更多農藥，因此在食用前應仔細清洗，減少農藥殘留。

營養成分	含量（每100克）	同類食物含量比較
蛋白質	1.2克	低 ★
脂肪	0.2克	低 ★
碳水化合物	6.2克	低 ★
膳食纖維（非水溶性）	3克	中 ★★
維他命C	26毫克	中 ★★
維他命B_1	0.04毫克	中 ★★
維他命B_2	0.03毫克	中 ★★
鈣	65毫克	中 ★★

紫椰菜粥

材料：紫椰菜50克，大米100克，蝦米、鹽各適量。

做法：紫椰菜洗淨切絲，蝦米、大米洗淨；將以上材料共煮為粥，加鹽調味即可。

紫椰菜梗比較硬，所以盡量切細一些。

配搭宜忌

紫菜＋紫椰菜 ✔

紫菜中含有牛磺酸，而紫椰菜富含維他命B_6，二者同食，可使人體更好地吸收二者的營養成分。

購買時，要挑選粗細適中的，太粗的芥蘭太老。

每天適宜吃50克

芥蘭

穩定血壓

降壓關鍵點 ▶ **維他命C、鈣**

芥蘭中的維他命C有穩定血壓的作用，若體內維他命C含量過低，可增加發生中風的風險。芥蘭中所含的鈣可保護血管彈性，降低血管通透性，預防高血壓的發生。

降脂關鍵點 ▶ **維他命C、膳食纖維**

芥蘭中的維他命不僅有穩定血壓的功效，還是一種強抗氧化劑，可改善脂肪和膽固醇代謝，降低血脂水平。芥蘭所含的膳食纖維有軟化血管，促進膽固醇和脂肪排出的作用。

降壓降脂吃法

芥蘭可涼拌、炒食，也可做配料、湯料使用。炒芥蘭的時間要長些，加入的湯水要多些，因為芥蘭梗粗，不易熟透，烹製時水分揮發的也會比其他蔬菜多。

食用貼士

芥蘭適合便秘和高膽固醇患者食用。

蠔油芥蘭

材料：芥蘭200克，蠔油適量。

做法：芥蘭洗淨切段，芥蘭梗用刀輕拍。鍋中倒油燒熱，下芥蘭翻炒。倒入適量蠔油，翻炒均勻，出鍋即可。適量食用。

芥蘭梗粗，不易熟透，梗要切細，炒的時候時間要久一些。

營養成分	含量（每100克）	同類食物含量比較
蛋白質	2.8克	低 ★
脂肪	0.4克	低 ★
碳水化合物	2.6克	低 ★
膳食纖維（非水溶性）	1.6克	中 ★★
維他命C	76毫克	高 ★★★
鈣	128毫克	高 ★★★
硒	0.88微克	中 ★★

蠔油＋芥蘭

蠔油含有豐富的微量元素和多種氨基酸，與富含維他命的芥蘭一起吃，可為人體提供全面而豐富的營養。

牛肉＋芥蘭

芥蘭是蔬菜中含維他命較多的蔬菜，與富含蛋白質、氨基酸的牛肉一起吃，既營養豐富，又溫中利氣。

最好選擇葉片小、缺口多、香味濃的茼蒿。

每天適宜吃50~100克

茼蒿 降低血壓血脂

降壓關鍵點 ▶ 揮發油、膽鹼

茼蒿含有一種揮發性的精油，能夠養心安神，防止記憶力減退。茼蒿還含有膽鹼，其和揮發油均具有降血壓、補腦的作用。

降脂關鍵點 ▶ 膳食纖維

茼蒿中的膳食纖維能夠促進膽固醇排出體外，降低體內膽固醇的含量。

降壓降脂吃法

茼蒿可焯熟拌涼菜食用，也可大火快炒。另外火鍋中加入茼蒿，可以促進魚類或肉類蛋白質的代謝，對營養的攝取有益。

食用貼士

茼蒿對慢性腸胃病和習慣便秘有一定的食療作用。脾胃虛寒，大便稀溏或腹瀉者不宜食用。

清炒茼蒿

材料：茼蒿200克，蒜末、鹽、白糖各適量。

做法：茼蒿擇洗乾淨，瀝水。鍋中放油燒熱，將茼蒿放入快速翻炒，炒至顏色變深綠。菜變軟時加入白糖、鹽炒勻，出鍋時放入蒜末即可。每次適量食用。

含有的揮發油遇熱易揮發，最好用大火快炒。

營養成分	含量（每100克）	同類食物含量比較
蛋白質	1.9克	低 ★
脂肪	0.3克	低 ★
碳水化合物	3.9克	低 ★
膳食纖維（非水溶性）	1.2克	中 ★★
維他命 B_1	0.04毫克	中 ★★
維他命 B_2	0.09毫克	中 ★★
維他命E	0.92毫克	低 ★
胡蘿蔔素	1510微克	高 ★★★

配搭宜忌

雞蛋＋茼蒿 

茼蒿含有豐富的維他命、胡蘿蔔素以及多種氨基酸，與雞蛋一起炒食，可以提高維他命A的吸收利用率。

大蒜＋茼蒿 

二者同食，清淡爽口，潤腸通便，低脂低熱，很適合減肥人士食用，還有開胃健脾、降壓補腦的功效。

手握莧菜，手感軟的嫩，手感硬的老。

莧菜 保護心臟和血管健康

每天適合吃80克

降壓關鍵點 ▶鈣、鎂

莧菜中含有鈣和鎂，兩元素相互作用，可維持心臟和血管的健康。鈣維持正常心跳，鎂保護血管壁免受血壓突然改變引起的壓迫，使血管緊張度下降。

降脂關鍵點 ▶葉酸、鎂、胡蘿蔔素

葉酸能促進人體內脂肪氧化，將多餘脂肪排出體外。鎂除保護血管壁外，還能防止血液中游離鈣沉積在血管壁上。胡蘿蔔素能夠降低低密度脂蛋白，具有清理血液的功效。

降壓降脂吃法

莧菜可炒食，也可煮湯，烹調前最好用熱水焯去莧菜的澀味。莧菜炒熟吃性味偏於平和，煮湯吃有清熱通利作用。

食用貼士

莧菜適合脾胃虛弱的高血脂症患者食用。但莧菜性寒涼，所以脾胃虛弱、便溏或慢性腹瀉者最好不要多食。

莧菜粥

材料：莧菜50克，大米100克，麻油、鹽各適量。

做法：將莧菜擇洗乾淨，切絲；大米洗淨，放入鍋內，加水適量煮粥，煮至粥成時；加入莧菜、麻油、鹽，再煮一下即成。

營養成分	含量（每100克）	同類食物含量比較
蛋白質	2.8克	低★
脂肪	0.3克	低★
碳水化合物	5克	低★
膳食纖維（非水溶性）	2.2克	中★★
胡蘿蔔素	2110微克	高★★★
維他命C	47毫克	高★★★
鈣	187毫克	高★★★
鎂	119毫克	高★★★

煮粥前，最好先用熱水焯一下莧菜，去掉澀味。

豆腐＋莧菜 
二者燉湯，具有清熱解毒、生津潤燥的功效，對於肝膽火旺、目赤咽腫者有輔助治療作用。

雞蛋＋莧菜 
莧菜和雞蛋都含有豐富的蛋白質及鈣、鐵、磷等多種礦物質，同食可以增強人體免疫功能。

挑選番茄，最好選擇新鮮、成熟、顏色紅的，含有的番茄紅素多。

每天適宜吃100~200克

番茄 有效保護血管

降壓關鍵點 ▶ 蘆丁、鉀、維他命B_3

番茄中的蘆丁，可有效保護血管，預防高血壓。番茄還含有鉀元素，可幫助排除體內多餘的鈉。番茄中的維他命B_3可促進紅血球形成，保持血管壁彈性，預防高血壓。

降脂關鍵點 ▶ 番茄紅素、蘋果酸、檸檬酸

番茄中的茄紅素，可清除自由基，防止低密度脂蛋白受到氧化，還能降低血漿中膽固醇濃度，並防止低密度脂蛋白氧化後黏在血管壁上。所含的蘋果酸和檸檬酸有助於胃液消化脂肪。

降壓降脂吃法

番茄可生食、調涼菜、煲湯、炒食。吃番茄時，最好帶皮食用，因為其也含有維他命等營養物質。另外，番茄的茄紅素遇熱能被人體更好吸收。

食用貼士

不要空腹吃番茄，胃酸易與番茄中物質結合成塊狀結石，導致胃部脹痛。另外，番茄性微寒，脾胃虛寒的人不宜多吃。

番茄拌黃瓜

材料：番茄1個，黃瓜1根，醬油、白糖、麻油各適量。

做法：將番茄洗淨，用開水燙後去皮去子，切片；黃瓜洗淨切片。將番茄片、黃瓜片裝入盆或碗中，澆上醬油、白糖、麻油，拌勻即成。

營養成分	含量（每100克）	同類食物含量比較
蛋白質	0.9克	低 ★
脂肪	0.2克	低 ★
水分	94.4克	高 ★★★
碳水化合物	4克	低 ★
胡蘿蔔素	550微克	中 ★★
維他命C	19毫克	中 ★★
維他命B_1	0.03毫克	中 ★★
維他命B_2	0.03毫克	中 ★★
鉀	163毫克	中 ★★

涼拌時，一定不能選用未成熟的番茄。

配搭宜忌

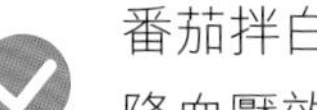

白糖＋番茄 ✓ 番茄拌白糖對於胃脾虛弱、食慾不振者非常適宜，且降血壓效果明顯。

西芹＋番茄 ✓ 西芹和番茄都有明顯的降壓作用。另外，西芹還含有豐富的膳食纖維，與番茄搭配可健胃消食。

拿在手中較輕的嫩，如果感覺較重，一般都太老。

茄子

保持血管壁彈性

每天適宜吃50~100克

降壓關鍵點 ▶ 蘆丁、膽鹼

茄子富含蘆丁，可保持血管壁彈性和生理功能，保護血管，增強毛細血管彈性，防止微血管破裂出血，使心血管保持正常功能。茄子中的膽鹼，有效降低膽固醇，幫助高血壓患者舒張血管。

降脂關鍵點 ▶ 皂苷、蘆丁

茄子中的皂苷成分可降低血液中膽固醇，控制血脂水平。而茄子中的蘆丁不僅可以保持血管壁彈性，也可降低血脂。

降壓降脂吃法

茄子可涼拌，也可炒食。涼拌茄子熱量和脂肪含量低，很適合高血脂症、高血糖患者食用。

食用貼士

秋後的老茄子不可多吃，因為其中含有較多茄鹼，對人體有害。另外，消化不良的人應少吃茄子。

番茄燒茄子

材料：茄子2根，番茄2個，葱花、薑絲、鹽、生抽、白糖、蠔油各適量。

做法：茄子洗淨切塊，浸泡10分鐘，瀝乾；番茄去皮切塊。將茄子過油並用吸油紙將油吸淨；鍋中倒油，下葱花、薑絲略炒，倒入番茄，放生抽、白糖，炒至糊狀。倒入茄子翻炒，加蠔油，略炒，加鹽調味，出鍋即可。

營養成分	含量（每100克）	同類食物含量比較
蛋白質	1.1克	低 ★
脂肪	0.2克	低 ★
碳水化合物	4.9克	低 ★
膳食纖維（非水溶性）	1.3克	中 ★★
鐵	0.5毫克	低 ★
鉀	142毫克	低 ★

"三高"患者做此菜的要點就是盡量少放油。

辣椒＋茄子  辣椒中富含的維他命 C 可提高茄子中所含蘆丁的吸收率，同食可起到更好的抗壓、美白的功效。

豬肉＋茄子  茄子富含膳食纖維，可降低豬肉中的膽固醇，兩者搭配，營養價值更高。

淮山生吃比煮着吃更容易發揮所含的酶的作用。

淮山 促進血液流通

每天適宜吃60克

▶皂苷、膽鹼

淮山中含有的皂苷、膽鹼能夠降低血液中的膽固醇和脂肪含量，對高血壓和高血脂症等病症有很大幫助。

▶黏液蛋白、維他命、微量元素

淮山富含黏液蛋白、維他命及微量元素，可有效阻止血脂在血管壁的沉澱，保持血管彈性，防止高血脂症、動脈硬化等疾病。

降壓降脂吃法

長期將淮山和芝麻搭配食用，可幫助高血壓、高血脂症患者預防骨質疏鬆。

食用貼士

淮山在食用前要去皮，以免食用後舌頭有麻或刺痛感。此外，淮山含澱粉較多，"三高"患者食用淮山較多時，需相應減少主食量。

紅棗淮山粥

材料：淮山50克，大米100克，紅棗6個。

做法：淮山切小丁，用水沖洗；大米洗淨；紅棗用水浸泡，去核。大米常法煮粥，八成熟時倒入淮山丁和紅棗，煮熟即可。

腸胃不好的人可以加蓮子肉、薏米、赤小豆等，和淮山一起煮粥。

營養成分	含量（每100克）	同類食物含量比較
蛋白質	1.9克	低★
脂肪	0.2克	低★
碳水化合物	12.4克	中★★
膳食纖維（非水溶性）	0.8克	低★
維他命B1	0.05毫克	中★★
維他命B2	0.02毫克	低★
磷	34毫克	中★★
鉀	213毫克	中★★

黃酒＋淮山  二者搭配着吃，再加點蜂蜜，可以健脾益氣，主治咳嗽、腹瀉、尿頻等症。

苦瓜＋淮山  苦瓜和淮山均有減肥、降血糖的功效，一起服用可增強減肥排毒的效果。

最好現切現吃，以免切口氧化，破壞營養成分。

蓮藕 減少脂肪吸收

黏液蛋白、膳食纖維

蓮藕中的黏液蛋白和膳食纖維，可與體內膽酸鹽、膽固醇以及三酸甘油酯結合，促使其隨糞便排出，從而起到降低血壓的作用。

膳食纖維

蓮藕中的膳食纖維不僅吸附膽酸和膽固醇等物質，也可將腸道內多餘脂肪排出體外，從而控制血脂水平。

降壓降脂吃法

蓮藕可生食，烹炒，搗汁飲用，也可曬乾後磨粉煮粥。蓮藕最好現切現吃，以免切口氧化，影響口感也破壞了營養成分。

食用貼士

煮藕時忌用鐵器，以免引致食物發黑。

涼拌蓮藕

材料：蓮藕1節，鹽、白糖、陳醋、麻油各適量。

做法：蓮藕切片，放入燒開的水中煮3分鐘左右，然後撈出來，在冷水中浸一下，盛出後加入適量鹽、白糖、陳醋、麻油拌勻即可。

若一次吃不完，可用保鮮膜將切口包好，放入冰箱冷藏。

營養成分	含量（每100克）	同類食物含量比較
蛋白質	1.9克	低 ★
脂肪	0.2克	低 ★
碳水化合物	16.4克	中 ★★
膳食纖維	1.2克	中 ★★
維他命 B_1	0.09毫克	中 ★★
維他命 B_2	0.03毫克	中 ★★
磷	58毫克	中 ★★
鉀	243毫克	中 ★★

冰糖＋蓮藕

燉蓮藕的時候，加點兒冰糖，不但味道香甜可口，還有健脾、開胃、止瀉的作用。

綠豆＋蓮藕

二者搭配，能健脾開胃、舒肝利膽、清熱養血、降血壓，適用於肝膽疾病和高血壓患者。

與牛奶同食，能更好地吸收牛奶中的維他命B_{12}。

西蘭花

預防高血壓和心臟病

每天適宜吃70~100克

降壓關鍵點 ▶ **類黃酮**

西蘭花中含有的類黃酮成分，能夠清理血管，減少膽固醇氧化，防止血小板凝結成塊，對高血壓和心臟病有一定的預防作用。

降脂關鍵點 ▶ **膳食纖維、葉黃素、槲皮素**

西蘭花中的膳食纖維，可降低血液中的膽固醇。而西蘭花所含的葉黃素和槲皮素，能夠阻止低密度脂蛋白膽固醇氧化後黏在血管壁上，從而減少動脈硬化的發生。

降壓降脂吃法

西蘭花可炒食，大火快炒可減少西蘭花中維他命和抗癌物質的損失。西蘭花和冬菇搭配食用，其中的膳食纖維可降低血脂。

食用貼士

西蘭花適宜身體虛弱、消化功能不好的人食用。另外，西蘭花中含有少量導致甲狀腺腫大的物質，食用時最好配以富含碘的食物，能起到中和作用。

爆炒西蘭花

材料：西蘭花300克，大蒜2頭，葱花、鹽各適量。

做法：將西蘭花洗淨，切塊，略焯一下；大蒜分別切成蒜片和蒜蓉。置鍋火上，倒油，燒熱後將葱花和蒜片爆香，然後倒入西蘭花。出鍋前加蒜蓉和鹽即成。每次適量食用。

營養成分	含量（每100克）	同類食物含量比較
蛋白質	4.1克	中 ★★
脂肪	0.6克	低 ★
碳水化合物	4.3克	低 ★
膳食纖維（非水溶性）	1.6克	中 ★★
維他命C	51毫克	高 ★★★
胡蘿蔔素	7210微克	高 ★★★

焯西蘭花的時間不要太長，否則口感會軟，沒有脆脆的好吃。

豬肉＋西蘭花 

西蘭花富含維他命C，搭配豬肉一起食用，可美白肌膚、展現肌膚光澤，又可消除疲勞，提高免疫力。

糙米＋西蘭花 

西蘭花中的維他命C與糙米中的維他命E結合，可護膚、防衰老、抗癌。

花椰菜以花球潔白微黃、無異色、無毛花的為佳品。

花椰菜 清理血管

每天適宜吃70克

▶ 鉻、維他命K

花椰菜中的鉻能夠降低血液中膽固醇的濃度，防治動脈硬化，預防高血壓。花椰菜中的維他命K能夠保護血管，防止血管壁破裂。

▶ 類黃酮、維他命C、膳食纖維

類黃酮可以清理血管，阻止膽固醇堆積，減少心血管病發生的危險。維他命C可降低膽固醇，防止動脈硬化。膳食纖維可以吸收腸道中多餘的膽固醇和脂肪，有降血脂作用。

降壓降脂吃法

花椰菜可炒食，焯水之後應放入涼開水中過涼，瀝乾水分再用。另外，製作涼菜不要加深色醬油，以免影響成菜色澤，可加少量生抽。

食用貼士

花椰菜莖營養豐富，因此不要扔掉。花椰菜不宜烹煮時間過長，以免造成維他命損失。

花椰菜炒冬菇

材料：花椰菜100克，鮮冬菇20克，花椒、蒜片、鹽、蠔油、白糖各適量。

做法：鮮冬菇洗淨，去蒂；花椰菜洗淨，掰小塊，焯水備用。鍋中倒油燒熱，下花椒和蒜片爆香，放鮮冬菇煸炒，加鹽、蠔油、白糖，再下入花椰菜炒熟即可。每次適量食用。

營養成分	含量（每100克）	同類食物含量比較
蛋白質	2.1克	低 ★
脂肪	0.2克	低 ★
碳水化合物	4.6克	低 ★
膳食纖維（非水溶性）	1.2克	中 ★★
維他命C	61毫克	高 ★★★
硒	0.73微克	中 ★★

花椰菜洗淨後，可用鹽水浸泡幾分鐘，能除去殘留農藥。

雞肉＋花椰菜		兩者搭配食用，可補大腦、利內臟，益氣壯骨、抗衰防老，常吃可增強肝臟的解毒作用，提高免疫力。
牛奶＋花椰菜		牛奶含鈣豐富，而花椰菜所含的化學成分會影響人體對鈣的消化吸收，降低牛奶的營養價值。

蒜薹 防治動脈硬化

▶ 蒜氨酸、環蒜氨酸

蒜氨酸、環蒜氨酸可降低體內膽固醇和三酸甘油酯，對高血壓有預防作用。

▶ 蒜氨酸

蒜薹中的蒜氨酸是降血脂的有效成分，蒜薹可有效地降低血清膽固醇和三酸甘油酯，防治動脈硬化。

降壓降脂吃法

蒜薹可用於炒食，或做配料。蒜薹用大火炒可保持蒜薹營養成分，也可保持蒜薹鮮嫩。另外，蒜薹不宜烹製得過爛，以免辣素被破壞，殺菌作用會被影響。

食用貼士

消化功能不好的人不宜多吃，並且過量食用會影響視力。

蒜薹炒肉絲

材料：蒜薹1小把，豬里脊肉100克，薑末、鹽各適量。

做法：蒜薹洗淨切段，豬里脊肉洗淨、切絲。鍋中倒油燒熱，薑末爆香，下肉絲略炒，下蒜薹炒熟，加鹽調勻即可。

用大火炒蒜薹，能使營養成分的損失降低。

營養成分	含量（每100克）	同類食物含量比較
蛋白質	2.0克	低★
脂肪	0.1克	低★
碳水化合物	15.4克	中★★
膳食纖維（非水溶性）	2.5克	中★★
維他命B_1	0.04毫克	中★★
維他命B_2	0.07毫克	中★★
鎂	28毫克	中★★

配搭宜忌

蜂蜜＋蒜薹

二者不宜同食，蜂蜜中的有機酸遇到大蒜素會發生不利人體的生化反應，易引起腹瀉。

洋蔥 促進鈉鹽排泄

降壓關鍵點 ▶ 前列腺素

洋蔥中所含的前列腺素，是一種較強的血管擴張劑，能減少外周血管和心臟冠狀動脈的阻力，對抗人體內兒茶酚胺等物質的升壓作用，又可以促進鈉鹽排泄，使血壓下降。

降脂關鍵點 ▶ 二烯丙基二硫化物、氨基酸、蒜氨酸

洋蔥中的二烯丙基二硫化物、氨基酸和蒜氨酸等成分，是天然的血液稀釋劑，能阻止血小板凝結，並加速血液凝塊溶解，降低血液中的膽固醇和三酸甘油酯含量，具有降脂功效。

降壓降脂吃法

洋蔥可生吃、也可炒菜。將洋蔥切薄片，再加幾片萵筍葉子，倒入蘋果醋（淹沒洋蔥即可），可治療便秘，穩定血壓，還能改善睡眠狀況。

食用貼士

洋蔥一次不宜食用過多。同時皮膚瘙癢性疾病、患有眼疾以及胃病者應慎食。

洋蔥粥

材料：洋蔥100克，大米50克，鹽、麻油各適量。

做法：洋蔥洗淨切碎，大米淘洗乾淨。將切碎的洋蔥和大米入鍋煮粥，粥熟後用鹽、麻油調味。

營養成分	含量（每100克）	同類食物含量比較
蛋白質	1.1克	低★
脂肪	0.2克	低★
碳水化合物	9克	低★
膳食纖維（非水溶性）	0.9克	低★
鉀	147毫克	低★
硒	0.92微克	中★★

煮洋蔥粥時，慢火加熱，才能使洋蔥充分地釋放出營養素。

配搭宜忌

茶葉＋洋蔥  二者都含有大量的天然黃酮類化學抗氧化劑，長期同食可減少冠心病的發病率。

大蒜＋洋蔥  洋蔥和大蒜同食，能降低膽固醇，降低血壓，減少心臟病的發病率。

節葉間呈白灰色、株小質嫩、葉多青綠色者為佳品。

馬齒莧 保護心血管

每天適宜吃100~150克

降壓關鍵點 ▶ 不飽和脂肪酸

馬齒莧所含的不飽和脂肪酸，能夠抑制膽固醇和三酸甘油酯的生成，可降低血壓，並對心血管有保護作用。

▶ 活性物質

馬齒莧中含有多種活性物質，可增強心肌功能，預防血栓形成，抑制和清除血清中的膽固醇和三酸甘油酯的生成，對心血管起保護作用。

降壓降脂吃法

馬齒莧可熬粥、搗汁、煲湯和炒食。

食用貼士

馬齒莧為寒涼之品，脾胃虛弱、大便泄瀉者忌食。另外，馬齒莧有滑胎的作用，所以孕婦要禁用。

馬齒莧糊

材料：鮮馬齒莧30克，冰糖15克。

做法：鮮馬齒莧洗淨搗汁，加冰糖，用開水沖熟至糊狀即可。

將鮮馬齒莧洗淨搗汁沖糊喝，能防止血栓形成。

營養成分	含量（每100克）	同類食物含量比較
蛋白質	2.3克	低 ★
脂肪	0.5克	低 ★
碳水化合物	3.9克	低 ★
膳食纖維（非水溶性）	0.7克	低 ★
胡蘿蔔素	2230微克	高 ★★★
磷	56毫克	中 ★★

大米＋馬齒莧  二者搭配具有清熱解毒、健脾養胃的功效。

冬瓜＋馬齒莧  吃菜喝湯，早晚各一次，用於糖尿病併發腎盂症患者，有清熱利尿通淋之功效。

雞絲＋馬齒莧  二者同食，可健脾益胃，解毒消腫。

冬菇 預防動脈硬化

降壓關鍵點 ▶ **冬菇多糖**

冬菇多糖可預防血管硬化，起到降低人體血壓的作用，又可預防動脈硬化、肝硬化等疾病。

降脂關鍵點 ▶ **核酸類物質、冬菇素、膳食纖維**

核酸類物質和冬菇素，能夠抑制體內膽固醇上升，起到降膽固醇、降血脂、預防動脈硬化的作用。膳食纖維還能減少腸道對膽固醇的吸收。

降壓降脂吃法

冬菇可煲湯也可炒食。炒冬菇前，建議先用開水煮熟後再炒，以免冬菇未熟引起中毒。

食用貼士

冬菇要用熱水浸泡，不要用冷水，冷水浸泡會使冬菇無法分解出獨特的香味。另外脾胃寒、濕氣滯者忌食冬菇。

冬菇飯

材料：大米400克，豬里脊肉100克，鮮冬菇6朵，小油菜、薑末、料酒、鹽各適量。

做法：大米洗淨後；豬里脊肉切片；鮮冬菇洗淨，頂端切十字刀花。在電飯煲中倒入少量油，待油熱後，放入薑末、豬肉片，略炒至變色，放冬菇、小油菜、料酒、鹽，倒入大米，加水蒸熟即可。

營養成分	含量（每100克）	同類食物含量比較
蛋白質	2.2克	低★
脂肪	0.3克	低★
碳水化合物	5.2克	低★
膳食纖維（非水溶性）	3.3克	中★★
維他命B_2	0.08毫克	中★★
維他命C	1毫克	低★
鋅	0.66毫克	中★★
硒	2.58微克	高★★★

冬菇頂端切十字花刀，更容易入味。

萵筍＋冬菇	✓	搭配食用可利尿通便、降脂降壓，適用於慢性腎炎、習慣性便秘、高血壓、高血脂症等病的輔助食療。
西蘭花＋冬菇	✓	二者同食，利腸胃、壯筋骨，還有較強的降血脂作用，是“三高”患者的首選佳品。

應選擇菇行整齊不壞、質地脆嫩而肥厚、氣味純正清香的鮮秀珍菇。

每天適宜吃30~50克

秀珍菇 防治腦血管疾病

降壓關鍵點 ▶解阮酶、酪氨酸酶、牛磺酸

解阮酶、酪氨酸酶和牛磺酸具有降血壓的功效，高血壓和心血管病患者應常食用。牛磺酸也具有降低血壓的功效。

降脂關鍵點 ▶菌糖、甘露醇糖、蛋白多糖體

菌糖和甘露醇糖，可改善新陳代謝，降低血液中膽固醇含量和血壓。蛋白多糖體可增強人體免疫能力，防治高血壓、高血脂症、心血管等疾病。

降壓降脂吃法

秀珍菇口感好、營養高。因易被炒老，需掌握好火候。另外，秀珍菇與冬瓜炒菜，有助於高血脂症患者控制體重。

食用貼士

適合體弱者、肝炎、消化系統疾病、心血管疾病患者食用。在購買時應買新鮮的。另外，秀珍菇不能在冰箱中儲存，而應在陰涼處保存。

秀珍菇蛋花湯

材料：秀珍菇50克，雞蛋2個，小青菜2棵，料酒、鹽各適量。

做法：秀珍菇洗淨，撕成條，略焯一下；雞蛋加料酒、少許鹽攪勻；小青菜洗淨。鍋中倒油燒熱，下青菜略炒。放入秀珍菇，倒水、加鹽燒開。然後倒入雞蛋液，再燒開即成。

營養成分	含量（每100克）	同類食物含量比較
蛋白質	1.9克	低 ★
脂肪	0.3克	低 ★
碳水化合物	4.6克	低 ★
膳食纖維（非水溶性）	2.3克	中 ★★
維他命B_1	0.06毫克	中 ★★
維他命B_2	0.16毫克	高 ★★★
鉀	258毫克	中 ★★

手撕秀珍菇比刀切味道更好。

配搭宜忌

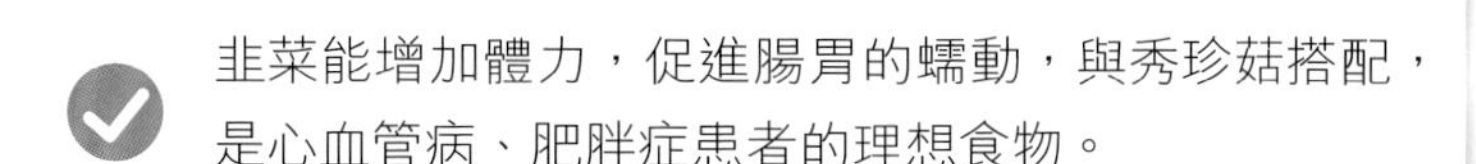

韭菜＋秀珍菇 ✔ 韭菜能增加體力，促進腸胃的蠕動，與秀珍菇搭配，是心血管病、肥胖症患者的理想食物。

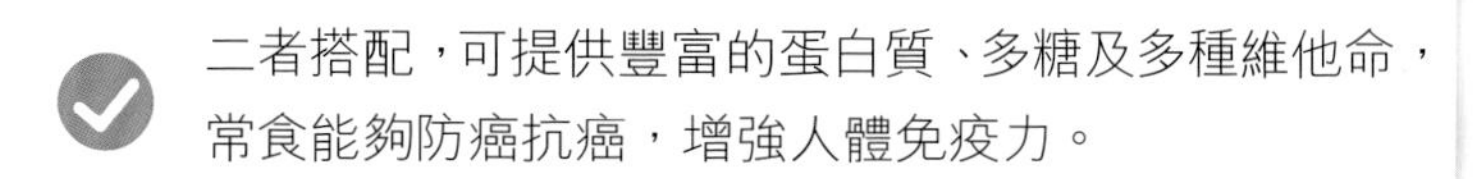

牛肉＋秀珍菇 ✔ 二者搭配，可提供豐富的蛋白質、多糖及多種維他命，常食能夠防癌抗癌，增強人體免疫力。

金菇 抑制血壓升高

挑選菌頂是半球型的金菇，不要長開的，長開的就老了。

每天適宜吃20~30克

降壓關鍵點 ▶ 膳食纖維、鉀

金菇中的膳食纖維，可吸附腸道中的膽酸，並排出體外，從而降低膽固醇，防治高血壓。金菇中的鉀也可抑制血壓升高。

降脂關鍵點 ▶ 膳食纖維

金菇熱量低、脂肪含量低，並富含膳食纖維，不僅可將體內的膽固醇排出體外，也可調節體內脂肪水平。

降壓降脂吃法

金菇在食用前最好用熱水焯燙一下，可減少其中的秋水仙鹼，以防食用後中毒。

食用貼士

金菇適合氣血不足、心腦血管等疾病患者食用，但脾胃虛寒者不宜吃太多金菇。

水瓜炒金菇

材料：水瓜、金菇各100克，鹽、澱粉各適量。
做法：水瓜洗淨切段，用鹽略醃，避免發黑；金菇洗淨，略焯一下，撈出瀝乾。鍋中放油燒熱，倒水瓜快速翻炒，再放金菇同炒，用鹽調味。出鍋前用澱粉勾芡，炒勻即可。每次適量食用。

營養成分	含量（每100克）	同類食物含量比較
蛋白質	2.4克	低 ★
脂肪	0.4克	低 ★
碳水化合物	6克	低 ★
膳食纖維（非水溶性）	2.7克	中 ★★
維他命C	2毫克	低 ★
磷	97毫克	中 ★★
鋅	0.39毫克	中 ★★
鉀	195毫克	中 ★★

金菇別炒太久，以免影響菜形和口感。

配搭	宜	說明
白蘿蔔＋金菇	✔	金菇可健脾胃、安五臟，益智健腦，與消食解毒的白蘿蔔搭配，效果更加明顯。
綠豆芽＋金菇	✔	金菇與綠豆芽一起吃，具有清熱消毒的作用，常用於防治中暑和腸炎。

宜挑選菇體潔白、菌柄膨大的雞髀菇。

雞髀菇

促進膽固醇和脂肪代謝

每天適宜吃30~50克

▶ 酪氨酸酶、礦物質、維他命

雞髀菇含有多種生物活性酶，其中酪氨酸酶有降血壓的作用。雞髀菇中的礦物質和維他命可促進新陳代謝，對高血壓患者有保健作用。

▶ 不飽和脂肪酸

雞髀菇是高蛋白、低脂肪食物，其所含的不飽和脂肪酸，可防止膽固醇沉積在血管壁上，促進膽固醇和脂肪代謝，從而降低血脂含量。

降壓降脂吃法

雞髀菇可炒食。蝦仁炒雞髀菇有降血脂的食療效果。另外，菌類和木瓜搭配也可降脂降壓。

食用貼士

雞髀菇味甘滑性平，可益脾胃、安心神、助消化、增食慾。但痛風患者不宜食用。

蝦仁炒雞髀菇

材料：蝦仁20克，雞髀菇50克，黃瓜1根，雞蛋1個，蒜泥、生抽、鹽、料酒、澱粉各適量。

做法：雞髀菇洗淨切片；黃瓜切片；雞蛋磕開取蛋白；蝦仁用雞蛋白抓一下，煸炒至八成熟盛出。煸炒蒜泥後放雞髀菇略炒，下蝦仁、黃瓜片。在澱粉中拌好料酒、生抽、鹽、水，勾芡即可。

營養成分	含量（每100克）	同類食物含量比較
蛋白質	26.7克	高 ★★★
碳水化合物	51.8克	高 ★★★
維他命 B_2	1.79毫克	高 ★★★
磷	764毫克	高 ★★★
鎂	119毫克	高 ★★★

蝦仁炒雞髀菇不僅降血脂，常吃也能降低血糖濃度。

海螺肉＋雞髀菇 
海螺肉可清熱明目、利膈益胃，與雞髀菇搭配食用，是高血脂症和糖尿病患者的理想食物。

豬肚＋雞髀菇 
豬肚補虛損、健脾胃，雞髀菇降血糖、調血脂，二者搭配食用可益胃清神、幫助消化、降糖降脂。

質量好的猴頭菇呈金黃色或黃裏帶白。

每天適宜吃30~50克

猴頭菇

調節血脂，促進血液循環

降壓關鍵點 ▶ 礦物質、維他命、猴頭多糖

猴頭菇是低脂肪、富含礦物質和維他命的菌類食品。其可促進新陳代謝，排出體內多餘脂肪，保持血壓穩定平衡。所含猴頭多糖，對心腦血管疾病有防治功效。

降脂關鍵點 ▶ 不飽和脂肪酸

猴頭菇所含的不飽和脂肪酸，能夠降低血液中膽固醇和三酸甘油酯含量，調節血脂，促進血液循環，對預防高血脂症、心血管疾病有一定功效。

降壓降脂吃法

猴頭菇可煎湯，也可煮食。猴頭菇要經過清洗、漲發、漂洗和烹製4步才可食用，最終泡透鬆軟時營養成分最高。

食用貼士

有心血管疾病、胃腸疾病的患者適宜食用猴頭菇。發黴變質的猴頭菇不可食用，有中毒危險。

猴頭菇娃娃菜

材料：猴頭菇、冬菇各30克，娃娃菜100克，高湯、鹽各適量。

做法：猴頭菇、冬菇洗淨泡至鬆軟，娃娃菜洗淨切塊，將猴頭菇、冬菇和娃娃菜放入高湯中燉煮，煮熟後加鹽即可。

營養成分	含量（每100克）	同類食物含量比較
脂肪	0.2克	低 ★
碳水化合物	4.9克	低 ★
膳食纖維（非水溶性）	4.2克	中 ★★
維他命 B_1	0.01毫克	低 ★
維他命 B_2	0.04毫克	中 ★★
磷	37毫克	中 ★★
鐵	2.8毫克	中 ★★

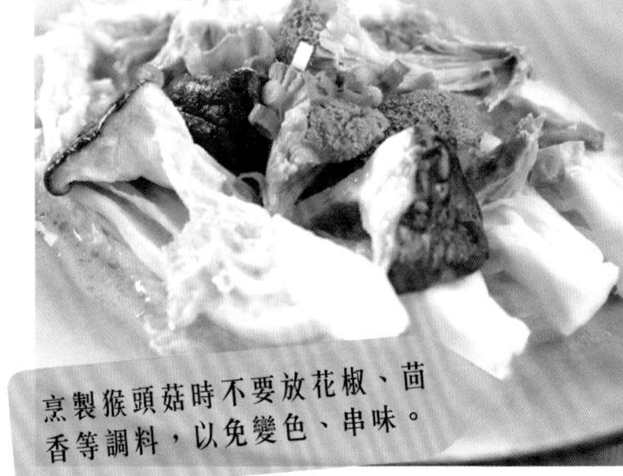

烹製猴頭菇時不要放花椒、茴香等調料，以免變色、串味。

配搭宜忌

雞肉＋猴頭菇  猴頭菇雞肉湯，利五臟、安心神、助消化，適用於消化不良、神經衰弱及病後體虛患者服食。

蝦仁＋猴頭菇 ✔ 二者搭配，含鈣豐富，是哺乳媽媽催乳的理想食品，還可輔助治療產後體虛症。

選購時，以只形小、分量輕、肉質厚者為佳。

蘑菇

控制和維持正常血壓水平

▶鎂

蘑菇含有豐富的鎂元素，其可防止鈣沉積在血管壁上，保護血管，預防動脈硬化，預防血小板聚集，維持正常血壓水平。

▶膳食纖維、抗病毒成分

蘑菇中含有的膳食纖維，可促進排毒、防止便秘，降低體內膽固醇和脂肪。另外，蘑菇中所含的抗病毒成分，可增強高血壓、高血脂症患者的免疫力。

降壓降脂吃法

蘑菇宜配肉菜食用，不用放味精或雞精。蘑菇和茄子搭配食用可降低血脂，適合高血脂症、動脈硬化等患者。

食用貼士

最好食用鮮蘑菇，顏色過白的蘑菇不要購買，其可能經漂白處理。食用前多清洗幾次，以免殘留化學物質。

蘑菇炒肉

材料：豬瘦肉、鮮蘑菇各200克，鹽、料酒、葱末、薑末、澱粉各適量。

做法：豬瘦肉洗淨切片，用鹽、料酒、澱粉醃製；蘑菇洗淨切片；將葱末、薑末、料酒調汁。鍋中倒油燒熱，下肉片滑散，倒蘑菇，炒至肉片熟，倒調味汁，大火炒勻收汁即可。每次適量食用。

營養成分	含量（每100克）	同類食物含量比較
蛋白質	38.7克	高★★★
碳水化合物	31.6克	高★★★
膳食纖維（非水溶性）	17.2克	高★★★
鈣	169毫克	高★★★
鋅	9.04毫克	高★★★
鎂	167毫克	高★★★

為保持蘑菇的鮮香，炒菜時不要放味精和雞精調味。

配搭宜忌

冬菇＋蘑菇	✔	二者都具有降低膽固醇、抗癌、通便的功效，搭配食用效果更佳，適合高血脂症患者及肥胖者食用。
冬瓜＋蘑菇	✔	冬瓜利尿消腫、清熱解毒，蘑菇補脾益氣、健身養胃，兩者相配有利小便、降血壓的功效。

茭白 穩定血壓，防治低鉀血症

如果茭白的切口處有黑點或呈現海綿狀，表示太老。

每天適宜吃50~100克

降壓關鍵點 ▶鉀

茭白所含的鉀不僅可以排出體內多餘的鈉，也可防止高血壓患者長期服用降壓藥所引起的低鉀血症，可穩定血壓。

▶膳食纖維

茭白中所含的膳食纖維可幫助清除體內多餘的脂肪和膽固醇，控制血脂。

降壓降脂吃法

茭白可炒食，但不可生食。最好現買現吃，烹調前應用開水焯燙，去除草酸，有助於茭白中鈣質的吸收。

食用貼士

茭白中含有較多草酸，其鈣質不宜吸收，腎臟疾病、尿路結石患者不宜多食。

茭白炒雞蛋

材料：雞蛋50克，茭白100克，鹽、葱花、高湯各適量。

做法：茭白去皮，洗淨切絲；雞蛋加鹽打散。鍋中倒油燒熱，放雞蛋液炒好，盛出。另起鍋，放油燒熱，下葱花爆鍋，放茭白絲略炒，加鹽及高湯，放炒好的雞蛋，和炒好的茭白翻炒勻即可。

營養成分	含量（每100克）	同類食物含量比較
蛋白質	1.2克	低 ★
脂肪	0.2克	低 ★
碳水化合物	5.9克	低 ★
膳食纖維（非水溶性）	1.9克	中 ★★
維他命 B_1	0.02毫克	低 ★
維他命 B_2	0.03毫克	中 ★★
鉀	209毫克	中 ★★

烹飪前，先用開水焯一下茭白，去除草酸。

配搭宜忌

雞蛋＋茭白		二者同食有開胃解酒的功效，適宜食慾不佳及醉酒者食用。
辣椒＋茭白		二者同食有開胃和中的功效，適用於食慾不振、口淡乏味等病症。

蘆荀 擴張保護血管

長時間存放，會使葉酸遭破壞，宜現買現吃。

每天適宜吃50克

降壓關鍵點 ▶天門冬酰胺、天門冬氨酸、鉀

蘆荀中含有的天門冬酰胺和天門冬氨酸，具有擴張血管的作用。可降低血壓，對心血管疾病、水腫等均有療效。另外，蘆荀中的鉀元素可降低體內鈉的含量，從而起到降低血壓的作用。

降脂關鍵點 ▶膳食纖維

蘆荀中的膳食纖維可將腸道中的多餘膽固醇、脂肪以及不宜被人體吸收的物質排出體外，從而降低膽固醇含量，保護心血管。

降壓降脂吃法

蘆荀最好現買現吃，若一次吃不完應放在低溫避光處保存。蘆荀可炒食、煲湯等，也可焯熟後拌涼菜食用。

食用貼士

痛風病人不宜多食蘆荀；適合身體肥胖的人食用。

蘆荀雞絲湯

材料：蘆荀150克（也可用罐頭1罐），雞胸肉100克，蛋白1個，鹽、澱粉各適量。

做法：雞胸肉洗淨切絲，加鹽、蛋白、澱粉拌勻；蘆荀焯一下，瀝水，切段。將雞絲入沸水中撥散、煮熟，再放入蘆荀煮沸，然後加鹽燒開即可。每次適量食用。

煲湯時可在湯中加入金菇，能抑制血脂升高。

營養成分	含量（每100克）	同類食物含量比較
蛋白質	1.4克	低 ★
脂肪	0.1克	低 ★
碳水化合物	4.9克	低 ★
膳食纖維（非水溶性）	1.9克	中 ★★
維他命C	45毫克	高 ★★★
鉀	213毫克	中 ★★
硒	0.21微克	低 ★
鐵	1.4毫克	中 ★★

配搭宜忌

海參＋蘆荀  蘆荀能防止癌細胞擴散，海參同樣是抗癌食品，二者搭配，可增加抗癌功效。

苦瓜＋蘆荀  苦瓜與蘆荀搭配食用，能使皮膚恢復血色，對治療貧血、消除疲勞很有幫助。

筍支就像黃牛角，呈土黃色且肉質硬實的竹筍為佳。

每天適宜吃50~80克

竹筍 防止游離鈣沉積

降壓關鍵點 ▶ 維他命 B_3

竹筍中的維他命 B_3，能夠降低體內的膽固醇和三酸甘油酯，可促進血液循環。吃竹筍也有預防高血壓的作用。

降脂關鍵點 ▶ 膳食纖維

膳食纖維能與膽酸合成不被人體吸收的複合廢棄物排出體外，降低膽固醇含量，達到降血脂目的。

降壓降脂吃法

竹筍吃法多樣，但單獨烹調時有苦澀味，最好與肉共同烹製，味道鮮美且營養搭配合理。不過在烹調前應先用開水焯一下，可去除竹筍中的草酸。

食用貼士

適宜食慾不振、胃口不開、胸悶、肥胖者食用。另外，竹筍中含有草酸，會影響人體對鈣的吸收，故兒童不宜多食。對竹筍過敏者應忌食。

冬菇竹筍湯

材料：冬菇20克，竹筍15克，金菇30克，薑絲、鹽、清湯各適量。

做法：冬菇洗淨切絲，金菇洗淨，竹筍洗淨切絲，略焯。將竹筍、薑絲放在湯鍋中，加清湯煮15分鐘，下冬菇、金菇煮5分鐘，加鹽調味即可。

營養成分	含量（每100克）	同類食物含量比較
蛋白質	2.6克	低 ★
脂肪	0.2克	低 ★
碳水化合物	3.6克	低 ★
膳食纖維（非水溶性）	1.8毫克	中 ★★
維他命 B_1	0.08毫克	中 ★★
磷	64毫克	中 ★★

冬菇和金菇使湯的味道顯得更鮮美。

配搭宜忌

雞肉＋竹筍	✔	有利於暖胃、益氣、補精、填髓，還具有低脂肪、低碳水化合物、多纖維的特點，適合體態較胖的人。
冬菇＋竹筍	✔	二者搭配着一起吃，有明目、利尿、降血壓之功效。
鯉魚＋竹筍	✔	竹筍與鯉魚煲湯，能最大程度發揮營養價值。

優質竹笙顏色是很自然的淡黃色，根部的顏色略深。

竹笙 有降血脂和減肥效果

▶鉀、鎂

竹笙富含鉀，可將體內多餘的鈉排出體外，從而達到降血壓的效果。竹笙中的鎂和鈣相互作用，可調節血壓，降低膽固醇，促進血液循環。

▶多糖

竹笙中的多糖可以調節機體功能，預防疾病，適合高血壓、高血脂症和高膽固醇人群食用。竹笙有“刮油”的作用，能減少腹壁脂肪的積存，從而產生降血脂和減肥的效果。

降壓降脂吃法

竹笙可燉食、蒸煮，也可煲湯。烹製前應在清水中浸泡20分鐘。竹笙乾品烹製前應先用淡鹽水泡發。

食用貼士

肥胖、失眠、高血壓、高血脂症、高膽固醇患者可以常食；竹笙性涼，脾胃虛寒之人不要吃得太多。

水發竹笙要多浸泡一會，才會去除竹笙的怪味兒。

營養成分	含量（每100克）	同類食物含量比較
蛋白質	17.8克	中★★
碳水化合物	60.3克	高★★★
鉀	11882毫克	高★★★
鎂	114毫克	高★★★

竹笙＋土雞

土雞有補益作用，竹笙和土雞同食，再加其他菌類，對高血壓、高膽固醇、冠心病等疾病有食療效果。

青椒 降脂減肥

降壓關鍵點 ▶ 硒、維他命C

青椒中的硒能夠防止脂肪等物質在血管壁上的沉積，降低血液黏稠度，減少動脈硬化、高血壓等疾病的發病率。維他命C有抗動脈粥樣硬化作用，有助於降壓。

降脂關鍵點 ▶ 辣椒素

青椒含有的辣椒素，能促進脂肪新陳代謝，防止體內脂肪沉積，從而達到降脂減肥目的。

降壓降脂吃法

青椒可炒食，其富含維他命C，適宜大火快炒，加熱時間過長會導致維他命C損失過多。另外與黃鱔搭配可降血糖。

食用貼士

眼疾患者、胃腸炎、痔瘡患者應少吃或忌食青椒。

青椒炒肉

材料：青椒30克，豬瘦肉200克，葱絲、薑絲、蒜片、鹽、生抽、澱粉各適量。

做法：青椒洗淨掰小塊，豬瘦肉洗淨切片，加澱粉和生抽攪勻。鍋中倒油燒熱，下肉片，炒至發白，倒入葱絲、薑絲和蒜片炒香，下青椒，加入生抽和鹽，炒至青椒變軟即可。

營養成分	含量（每100克）	同類食物含量比較
蛋白質	1.4克	低★
脂肪	0.3克	低★
碳水化合物	5.8克	低★
膳食纖維（非水溶性）	2.1克	中★★
維他命C	62毫克	高★★★
鎂	15毫克	中★★
硒	0.62微克	中★★

炒菜時，青椒不用炒太久，以免營養損失。

配搭		說明
蛋黃＋青椒	✔	蛋黃可補腦益智，與青椒同食，溫補脾腎、益智納氣，適合因大腦發育不全和腎氣不足的小兒遺尿者。
銀耳＋青椒	✔	二者搭配，再加點麻油，不但富含維他命C和胡蘿蔔素，還是孕婦的爽口菜，可減輕孕吐。

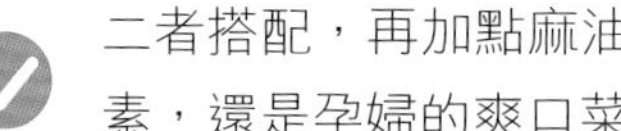

豆苗味道清香，最適宜煲湯食用。

每天適宜吃50克

豆苗

預防高血壓和動脈硬化

降壓關鍵點 ▶ **鉻、鉀**

豆苗中的鉻，可幫助體內脂肪代謝，預防高血壓和動脈粥樣硬化。豆苗中的鉀，可將體內多餘的鈉排出體外，以防止鈉引起的血壓上升。

降脂關鍵點 ▶ **膳食纖維**

豆苗中所含的膳食纖維可促進大腸蠕動，使體內膽固醇和三酸甘油酯隨大便排出體外，從而達到降低血脂的目的。

降壓降脂吃法

豆苗味道清香，最適宜煲湯食用。另外，豆苗可與牛肉等富含氨基酸的食物搭配，可使二者的營養價值得到充分利用。

食用貼士

凡有便秘、癰腫、脾胃不適、嘔吐、心腹脹痛等症患者適宜吃豆苗。

清炒豆苗

材料：豆苗300克，葱絲、薑絲、香菜段、鹽、料酒各適量。

做法：將豆苗揀去雜質，洗淨，瀝乾水分。鍋內倒少許油，五成熱時用葱絲、薑絲熗鍋，倒入豆苗翻炒。加料酒、鹽、香菜段，炒至豆苗斷生即可。每次適量食用。

營養成分	含量（每100克）	同類食物含量比較
蛋白質	4克	中 ★★
脂肪	0.8克	低 ★
碳水化合物	4.6克	低 ★
膳食纖維（非水溶性）	1.9克	中 ★★
維他命 B_1	0.05毫克	中 ★★
維他命 B_2	0.11毫克	高 ★★★
鋅	0.77毫克	中 ★★
磷	67毫克	中 ★★
鉀	222毫克	中 ★★

炒豆苗的時間不宜太長，否則會破壞其清香味。

瘦肉＋豆苗  二者搭配食用，具有健脾益氣、利尿降壓等食物功效，適用於各型高血壓患者。

蛋白＋豆苗  二者做湯，可補充糖尿病患者因代謝紊亂而失去的蛋白質，但注意製作過程中要去掉雞蛋黃。

醃芥菜頭

為什麼不適宜吃醃芥菜頭？

芥菜頭經常被醃製成鹹菜食用，因醃製後含鹽量較高，高血壓、高血脂症患者忌多吃鹽，故不宜多食芥菜頭以限制鹽的攝入。

營養成分	含量（每100克）	同類食物含量比較
蛋白質	1.9克	低 ★
脂肪	0.2克	低 ★
碳水化合物	7.4克	低 ★
膳食纖維（非水溶性）	1.4毫克	中 ★★
維他命C	34毫克	中 ★★
鉀	243毫克	中 ★★

酸白菜

為什麼不宜吃酸白菜？

酸白菜由大白菜醃製而成，在醃製過程中白菜的維他命被破壞，營養價值降低。酸白菜若儲存不當也有可能生成亞硝酸，多食易致癌，故應少食。

營養成分	含量（每100克）	同類食物含量比較
熱量	15千卡	低 ★
蛋白質	1.1克	低 ★
脂肪	0.2克	低 ★
碳水化合物	2.4克	低 ★
維他命C	2毫克	低 ★
鈣	48毫克	中 ★★
磷	38毫克	中 ★★
鉀	104毫克	低 ★

香椿

為什麼不宜吃香椿？

香椿食用後容易加重肝火，另外，香椿是發物，慢性疾病患者應少食或者不食。

營養成分	含量（每100克）	同類食物含量比較
熱量	50千卡	低 ★
蛋白質	1.7克	低 ★
脂肪	0.4克	低 ★
碳水化合物	10.9克	中 ★★
膳食纖維（非水溶性）	1.8毫克	中 ★★
鈣	96毫克	中 ★★
鉀	172毫克	中 ★★

辣椒

為什麼不宜吃辣椒？

這裏説的辣椒，是指帶有辛辣刺激氣味的辣椒，高血壓、高血脂症患者最好不要食用辛辣的蔬菜，以防刺激血壓、血脂升高。患者可選擇青椒食用。

營養成分	含量（每100克）	同類食物含量比較
熱量	28千卡	低 ★
蛋白質	1.3克	低 ★
脂肪	0.4克	低 ★
碳水化合物	8.9克	低 ★
維他命C	144毫克	高 ★★★

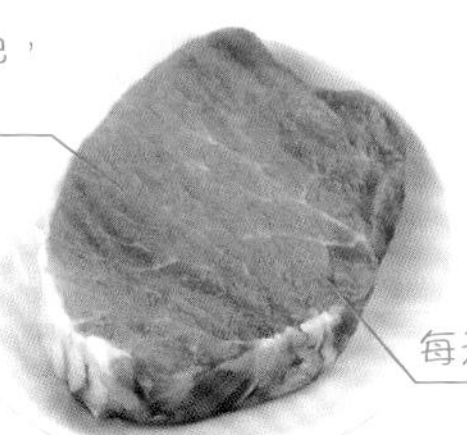

豬瘦肉

保護血管健康

降壓關鍵點 ▶ 維他命B雜

豬肉含豐富的維他命B雜，不僅能促進熱量代謝，維持人體神經系統健康，還可抑制血管收縮，降低血壓。

降脂關鍵點 ▶ 蛋白質、脂肪酸

蛋白質和脂肪酸有利於高血壓、高血脂症患者保護血管。豬肉還提供血紅素鐵和促進鐵吸收的物質，能改善缺鐵性貧血。

降壓降脂吃法

豬肉中的脂肪經長時間燉煮後會減少三到五成，膽固醇含量也會大大降低。可多食里脊肉，其脂肪低、膽固醇低、蛋白質高，總體營養價值很高。

食用貼士

豬瘦肉適宜陰虛不足、頭暈、貧血、大便乾結，以及營養不良者食用。但濕熱偏重、痰濕偏盛、舌苔厚膩的人，不宜食用豬肉。

營養成分	含量（每100克）	同類食物含量比較
蛋白質	20.3克	高 ★★★
脂肪	6.2克	低 ★
碳水化合物	1.5克	低 ★
維他命B_1	0.54克	高 ★★★
磷	189毫克	中 ★★
鉀	305毫克	高 ★★★

皮蛋瘦肉粥
瘦肉與穀類長時間熬煮，可減少脂肪和膽固醇的含量。

配搭		說明
豆苗＋豬瘦肉		豬瘦肉富含蛋白質和維他命B_1，與富含膳食纖維的豆苗搭配，可提高蛋白質及維他命B_1的吸收率。
青椒＋豬瘦肉		青椒和豬瘦肉都含有豐富的蛋白質及適度的熱量，二者搭配着吃，能保護並強化肝臟。

新鮮的牛肉紅色均勻，表面有光澤，觸摸有彈性而不黏手。

牛肉

預防動脈硬化

每天適宜吃80~100克

降壓關鍵點 ▶ 蛋白質、維他命 B_6

牛肉中富含蛋白質，含脂肪和膽固醇比較低，適合肥胖者、高血壓、血管硬化、冠心病患者食用。維他命 B_6 可增強人體免疫力，維持血壓、血脂的正常值。

降脂關鍵點 ▶ 鋅、鎂

鋅含量很高，其可減少膽固醇在人體內的蓄積，防止動脈硬化。鎂能促進心血管健康，預防心臟病。

降壓降脂吃法

牛肉可清燉、炒食，也可煲湯。清燉可更好地保存營養成分。在烹調時可加入適量山楂或橘皮，牛肉容易燉爛。

食用貼士

牛肉的肌肉纖維較粗糙不易消化，所以一定要燉爛再吃，並且一次不宜多吃。另外，醬牛肉和牛肉乾含有大量鹽分，故高血壓患者不宜多吃。

營養成分	含量（每100克）	同類食物含量比較
蛋白質	19.9克	高 ★★★
脂肪	4.2克	低 ★
碳水化合物	2克	低 ★
膽固醇	84毫克	低 ★
鋅	4.73毫克	高 ★★★
鎂	20克	中 ★★
硒	6.45微克	低 ★

砂鍋燜牛肉

材料：牛肉200克，鹽、葱、生薑、料酒、老抽、胡蘿蔔片、番茄醬各適量，大料、花椒、肉蔻、茴香、桂皮各適量。

做法：牛肉洗淨切小塊，水焯一下去血腥。熱鍋倒油，下牛肉及大料、花椒、肉蔻、茴香、桂皮，葱，生薑翻炒，加料酒、老抽、水，大火燒開，轉砂鍋用小火燉至肉爛。加入胡蘿蔔片、鹽，最後加番茄醬調味。每次適量食用。

砂鍋燜牛肉

牛肉七成熟時將胡蘿蔔放入鍋中，煮出來的湯營養又美味。

蘿蔔＋牛肉	✔	蘿蔔與牛肉搭配食用，可為人體提供豐富的蛋白質和維他命 C，具有利五臟、益氣血的功效。
菠菜＋牛肉	✔	二者搭配食用，有補脾胃、益氣血的功效，常食可強筋骨、健腦強智、澤膚健美。

鴨肉 平衡體重

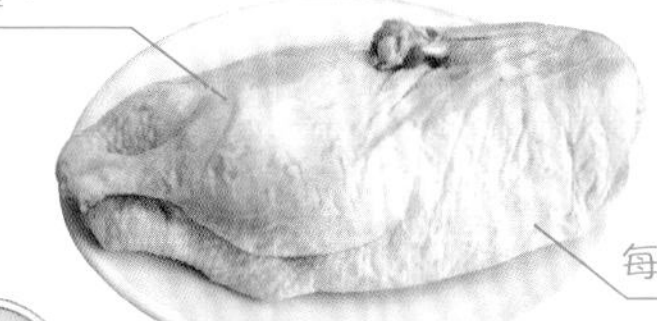

降壓關鍵點 ▶ 不飽和脂肪酸

鴨肉中的脂肪主要是不飽和脂肪酸和低碳脂肪酸，可起到降低膽固醇的作用，對預防高血壓有益。

降脂關鍵點 ▶ 卵磷脂、不飽和脂肪酸

鴨肉中的維他命B雜能促進熱量代謝，對血脂異常患者控制體重有幫助。同時鴨肉中的不飽和脂肪酸能降低膽固醇，起到控制血脂作用。

降壓降脂吃法

鴨肉可燉煮、煲湯。煮老鴨時加入幾粒螺螄肉可將老鴨燉爛。而在烹調時加入些黃豆也可使鴨肉柔嫩，營養價值也高。

食用貼士

身體虛弱、病後體虛、營養不良、水腫的人適宜食用鴨肉。另外，感冒、腹瀉患者不宜食用。

鴨肉冬瓜湯

材料：鴨子1隻，冬瓜小半個，生薑1塊，鹽適量。

做法：薑切厚片；冬瓜去子切小塊。鴨子放冷水鍋中大火煮10分鐘，撈出沖去血沫，放入湯煲，倒入足量水大火煮開。放入生薑，略為攪拌後轉小火煲1.5小時，關火前10分鐘倒入冬瓜，煮軟並調入少許鹽調味。

營養成分	含量（每100克）	同類食物含量比較
蛋白質	15.5克	低 ★
脂肪	19.7克	中 ★★
碳水化合物	0.2克	低 ★
膽固醇	94毫克	低 ★
維他命B_2	0.22毫克	中 ★★

鴨肉和冬瓜同食，對控制血壓有很好的作用。

配搭宜忌

淮山＋鴨肉		鴨肉滋陰養胃、清肺補血，淮山益氣養陰、健脾益胃，同食可健脾止渴，固腎益精。
海帶＋鴨肉		二者同食，可軟化血管，降低血壓，緩解心臟病。

燉湯，能使雞肉的營養成分釋放到湯中，更易吸收。

雞肉

降低低密度脂蛋白膽固醇

▶ 膠原蛋白、磷脂

膠原蛋白可降低體內膽固醇和三酸甘油酯，具有降低血壓的作用。磷脂，可乳化血液中的脂肪和膽固醇，使其排出體外，有助於預防動脈硬化等疾病。

▶ 不飽和脂肪酸

不飽和脂肪酸(油酸和亞油酸)，能夠降低對人體健康不利的低密度脂蛋白膽固醇，對預防高血壓、高血脂症和心血管疾病有很好的食療功效。

降壓降脂吃法

雞肉科學的吃法之一就是喝雞湯。將栗子和老母雞同燉湯，有利於營養成分的吸收。雞胸肉適合煮粥、炒食。

食用貼士

心血管疾病患者在喝雞湯前，最好先將雞湯中的浮油撈出，以免引起體內脂肪增加。

冬菇雞肉粥

材料：大米60克，雞胸肉40克，冬菇30克。蔥末、鹽各適量。

做法：大米洗淨，用水浸泡1小時；冬菇洗淨，切片；雞胸肉洗淨切片，水焯後撈出。大米加水大火煮開，放入冬菇片與雞肉片煮熟，撒上蔥末，加鹽調味即可。

營養成分	含量（每100克）	同類食物含量比較
蛋白質	19.3克	高 ★★★
脂肪	9.4克	低 ★
碳水化合物	1.3克	低 ★
鉀	251毫克	中 ★★
維他命 B_1	0.05毫克	低 ★
維他命 B_2	0.09毫克	低 ★
硒	11.75微克	中 ★★

此粥軟爛鮮美，適合老年高血壓、高血脂症患者食用。

赤小豆＋雞肉

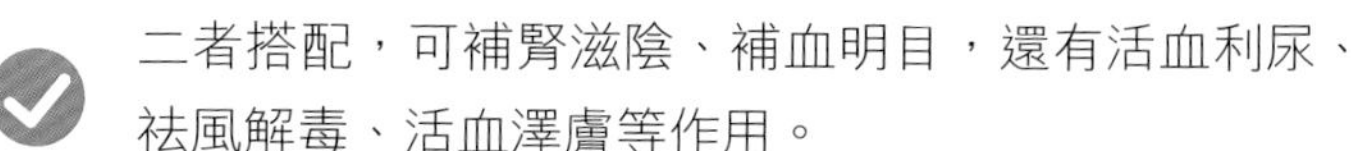

二者搭配，可補腎滋陰、補血明目，還有活血利尿、祛風解毒、活血澤膚等作用。

椰菜＋雞肉

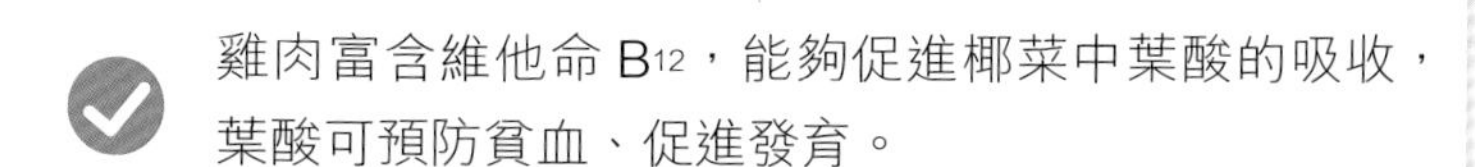

雞肉富含維他命 B_{12}，能夠促進椰菜中葉酸的吸收，葉酸可預防貧血、促進發育。

烏雞 清理人體血液

降壓關鍵點 ▶ 鉀、磷等礦物質、鐵

鉀、磷等礦物質元素，有助於保護血管，降低血壓。烏雞具有清理人體血液的功能，滋補肝腎，能夠輔助治療高血壓、心肌梗塞等心腦血管疾病。鐵元素，對貧血有輔助治療作用。

降脂關鍵點 ▶ 維他命 B_3

維他命 B_3，具有降低膽固醇和三酸甘油酯的功效，能促進血液循環，降低血脂，對高血脂症患者大有裨益。烏雞營養價值高於普通雞，其降壓降脂功效也更好。

降壓降脂吃法

烏雞連骨煲湯滋補效果最好。烏雞與淮山搭配，可預防心血管疾病，是高血壓、高血脂症患者良好的補益食物。

食用貼士

烏雞不要用高壓鍋燉煮，可用砂鍋小火慢慢燉，營養效果更好。

赤小豆烏雞湯

材料：烏雞1隻，赤小豆15克，清湯、鹽各適量。

做法：烏雞宰殺洗乾淨斬塊，焯一下，瀝乾水分；赤小豆洗淨，提前用溫水浸泡。鍋置火上，倒入清湯燒開，下烏雞、赤小豆，加鹽，煲至材料均熟透即可。

營養成分	含量（每100克）	同類食物含量比較
蛋白質	22.3克	高 ★★★
脂肪	2.3克	低 ★
碳水化合物	0.3克	低 ★
膽固醇	106毫克	低 ★
維他命 B_2	0.2毫克	低 ★
鉀	323毫克	高 ★★★
磷	201毫克	中 ★★

燉湯時，先在砂鍋內加清水燒開，再放食材。

竹笙＋烏雞	✔	烏雞低脂肪、高蛋白，竹笙含豐富的膳食纖維，同煮成湯，有助於減少對膽固醇的吸收。
赤小豆＋烏雞	✔	二者佐以陳皮和黃精，可補血養顏、強健身體，用於脾虛體弱、面色蒼白、月經不調等症。

鴿肉以春天、夏初時的為最好。

鴿肉

對動脈硬化有食療功效

每天適宜吃60克

▶蛋白質、維他命

鴿肉中的蛋白質有降血壓功效，能減少心腦血管疾病的發生。鴿肉中所含的多種維他命對心血管有保護作用。

▶軟骨素

乳鴿骨內含有豐富的軟骨素，不僅能提高皮膚細胞活力，還能改善血液循環，防止脂肪在血管壁上沉澱，從而降低血脂。

降壓降脂吃法

鴿肉以清蒸或煲湯為佳，可最好地保留其中的營養成分，最好與富含維他命的食物同食。

食用貼士

鴿肉營養豐富，而且易於消化，適宜老年人和兒童食用。另外，鴿肉對病後體弱、記憶力減退有很好的補益效果。

清蒸枸杞鴿肉

材料：鴿子1隻，枸杞子、紅棗各20克。

做法：將鴿子去毛及內臟，將枸杞子和紅棗用水浸泡兩次，放入鴿子腹腔內縫合，不放或放少許鹽，隔水蒸熟即可。

營養成分	含量（每100克）	同類食物含量比較
蛋白質	16.5克	中 ★★
脂肪	14.2克	中 ★★
碳水化合物	1.7克	低 ★
膽固醇	99毫克	低 ★
維他命 B_2	0.2毫克	低 ★
硒	11.08微克	中 ★★
鉀	334毫克	高 ★★★

鴿子燉湯時，只加少許鹽即可，不要再加其他作料。

冬菇＋鴿肉

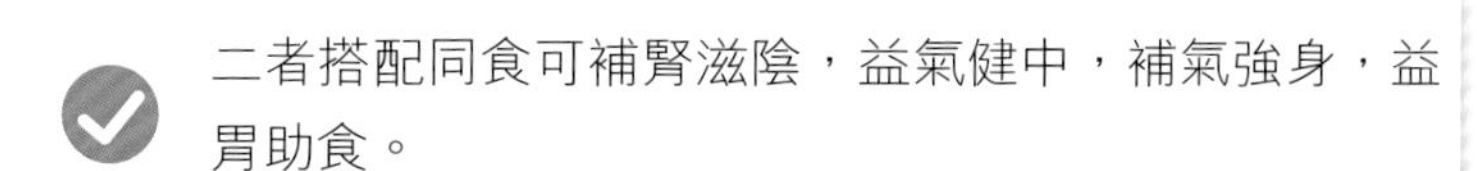

二者搭配同食可補腎滋陰，益氣健中，補氣強身，益胃助食。

淮山＋鴿肉

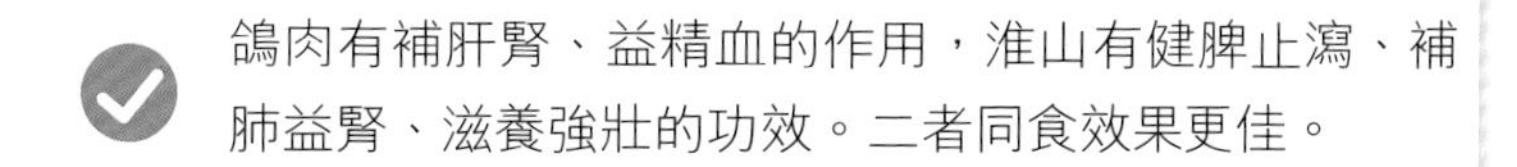

鴿肉有補肝腎、益精血的作用，淮山有健脾止瀉、補肺益腎、滋養強壯的功效。二者同食效果更佳。

鵪鶉肉

阻止血栓形成

降壓關鍵點 ▶ 氨基酸

氨基酸能促進體內新陳代謝。鵪鶉肉是高蛋白質、低脂肪、低膽固醇食物，高血壓及肥胖者適合食用。

降脂關鍵點 ▶ 卵磷酸

卵磷酸可生成溶血磷脂，抑制血小板凝聚，阻止血栓形成，將多餘膽固醇和中性脂肪排出體外，防止動脈硬化，有降血脂功效。

降壓降脂吃法

鵪鶉肉可煮粥、炒食，也可煲湯。鵪鶉肉可先油炸一下再燉湯食用，可使肉保持筋道。鵪鶉和蘿蔔搭配炒菜，可促進脂肪代謝，此菜有降血脂功效。

營養成分	含量（每100克）	同類食物含量比較
蛋白質	22.3克	高 ★★★
脂肪	2.3克	低 ★
碳水化合物	0.3克	低 ★
膽固醇	106毫克	低 ★
維他命B_2	0.2毫克	中 ★★
硒	7.73微克	中 ★★
鋅	1.6毫克	低 ★

食用貼士

營養不良、體虛乏力、高血壓、肥胖症、動脈硬化症等患者適宜食用鵪鶉肉。

銀耳鵪鶉湯

材料：鵪鶉1隻，銀耳15克，紅棗5顆，鹽、料酒各適量。

做法：鵪鶉洗淨，除去內臟，用鹽、料酒醃製；銀耳用溫水泡發，去蒂撕成小朵；紅棗溫水浸泡去核。鵪鶉放湯鍋內，加冷水燒開，撇去浮沫，加鹽調味，熟爛後取出放湯碗中。原湯燒開，放入銀耳、紅棗稍煮，澆入鵪鶉湯碗中即可。

與銀耳、枸杞子燉湯，適合氣血兩虧的高血壓、高血脂症患者。

配搭宜忌		
羊肉＋鵪鶉肉		二者搭配，用於老年人或病後體虛、血虛頭暈、身體瘦弱、面色萎黃等氣血兩虧之症的食療。
豬肝＋鵪鶉肉		二者混合烹調，各自所含的酶及其他元素會發生某些生化反應，使色素沉着，易產生色斑。

肥豬肉

為什麼不宜吃肥豬肉？

肥肉中含有較多的飽和脂肪酸，而且能夠供給人體更高的熱量，多吃肥肉易使人體脂肪堆積，身體肥胖，血脂升高，可能導致動脈硬化，故高血壓、高血脂症患者更應少吃或不吃肥肉。

營養成分	含量（每100克）	同類食物含量比較
熱量	807千卡	高 ★★★
蛋白質	2.4克	低 ★
脂肪	88.6克	高 ★★★
維他命 B_1	0.08毫克	低 ★
維他命 B_2	0.05毫克	低 ★
硒	7.78微克	低 ★
鋅	0.69毫克	低 ★

香腸

為什麼不宜吃香腸？

香腸中含有肥肉，飽和脂肪酸較高，熱量較高，含鹽量也較高，不適合高血壓、高血脂症人群食用。另外，香腸中含有防腐劑等物質，對身體有害，故不宜多食。

營養成分	含量（每100克）	同類食物含量比較
熱量	508千卡	高 ★★★
蛋白質	24.1克	高 ★★★
脂肪	40.7克	高 ★★★
碳水化合物	11.2毫克	高 ★★★
維他命 B_2	0.11毫克	低 ★
鈣	14毫克	低 ★
磷	198毫克	中 ★★
鈉	2309.2毫克	高 ★★★

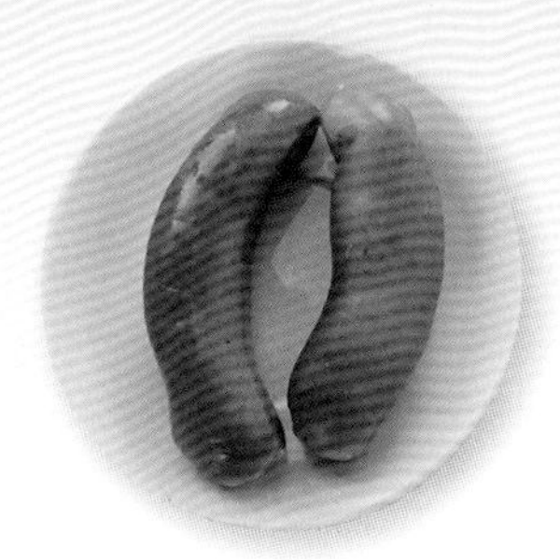

臘肉

為什麼不宜食用臘肉？

臘肉的脂肪含量高，並以飽和脂肪酸為主，對高血脂症患者血脂水平控制不利。在製作過程中，肉中的很多維他命和微量元素被破壞。另外，臘肉中鈉含量超過一般豬肉中鈉含量的十幾倍，故高血壓、高血脂症患者不宜食用。

營養成分	含量（每100克）	同類食物含量比較
熱量	498千卡	高 ★★★
蛋白質	11.8克	低 ★
脂肪	48.8克	高 ★★★
碳水化合物	2.9毫克	低 ★
維他命A	96微克	低 ★
鈣	22毫克	低 ★
鈉	763.9毫克	高 ★★★

豬蹄

為什麼不宜吃豬蹄？

豬蹄富含膠原蛋白，可延緩皮膚衰老過程。但因其熱量和脂肪含量偏高，故高血壓、高血脂症、動脈硬化患者少食或不食為好。

豬蹄用任何烹調方法，都會使血液中的膽固醇升高。

營養成分	含量（每100克）	同類食物含量比較
熱量	260千卡	高 ★★★
蛋白質	23.6克	高 ★★★
脂肪	17克	中 ★★
鎂	3毫克	低 ★
鈣	32毫克	低 ★

豬腎

為什麼不宜吃豬腎？

豬腎雖能補腎，但膽固醇含量高，會加重“三高”患者病情。

豬腎就是我們常說的豬腰子。其雖然補腎，但膽固醇含量頗高，故高血壓、血脂異常者慎食。

營養成分	含量（每100克）	同類食物含量比較
熱量	96千卡	低 ★
蛋白質	15.4克	低 ★
脂肪	3.2克	低 ★
碳水化合物	1.4毫克	低 ★
膽固醇	354毫克	高 ★★★
維他命B_1	0.31毫克	高 ★★★
維他命B_2	1.14毫克	高 ★★★
鉀	217毫克	中 ★★

豬肝

為什麼不宜吃豬肝？

豬肝雖適宜眼疾患者食用，但其含有較高的膽固醇，食用後會使血液中膽固醇含量上升，故不適合高血壓、高血脂症患者食用。

營養成分	含量（每100克）	同類食物含量比較
熱量	129千卡	低 ★
蛋白質	19.3克	高 ★★★
脂肪	3.5克	低 ★
碳水化合物	5毫克	低 ★
膽固醇	288毫克	高 ★★★
維他命A	4972微克	高 ★★★
維他命B_2	2.08毫克	高 ★★★
鉀	235毫克	中 ★★

臘腸

為什麼不宜吃臘腸？

臘腸含有較高的熱量和脂肪，而且含有過高的鈉元素，容易引起血壓、血脂升高，所以不適合高血壓、高血脂症患者食用。

營養成分	含量（每100克）	同類食物含量比較
熱量	584千卡	高 ★★★
蛋白質	22克	高 ★★★
脂肪	48.3克	高 ★★★
碳水化合物	15.3毫克	高 ★★★
鎂	13毫克	低 ★
鈣	24毫克	低 ★
鈉	1420毫克	高 ★★★

帶魚

保護心血管系統

每天適宜吃50~80克

新鮮帶魚為銀灰色，而且有光澤。

降壓關鍵點 ▶ 鎂

帶魚富含鎂元素，對心血管系統有保護作用，對高血壓、心肌梗塞等心血管疾病有預防作用。

降脂關鍵點 ▶ 不飽和脂肪酸

帶魚的脂肪多為不飽和脂肪酸，可降低血清總膽固醇，淨化血液，減少腸道對膽固醇的吸收，從而達到降低血脂的目的。

降壓降脂吃法

帶魚腥氣較重，故宜紅燒或糖醋。做帶魚時可放入些白酒，去腥效果較好。

食用貼士

適宜久病體虛、血虛頭暈、營養不良之人食用。另外，帶魚屬動風發物，患有濕疹等皮膚病或皮膚過敏者應忌食。

營養成分	含量（每100克）	同類食物含量比較
蛋白質	17.7克	中 ★★
脂肪	4.9克	中 ★★
碳水化合物	3.1克	低 ★
膽固醇	76毫克	低 ★
鋅	0.7毫克	低 ★
硒	36.57微克	中 ★★
鎂	43毫克	中 ★★

木瓜燒帶魚
木瓜與帶魚搭配食用，有養陰補虛的作用。

配搭	宜忌	說明
木瓜＋帶魚	✓	二者一起紅燒食用，有養陰、補虛、通乳的作用，對產後少乳、外傷出血等症具有一定療效。
牛奶＋帶魚	✓	帶魚有暖胃、補虛、澤膚的功效，牛奶能補虛弱，止渴養心血。二者搭配有益健康。

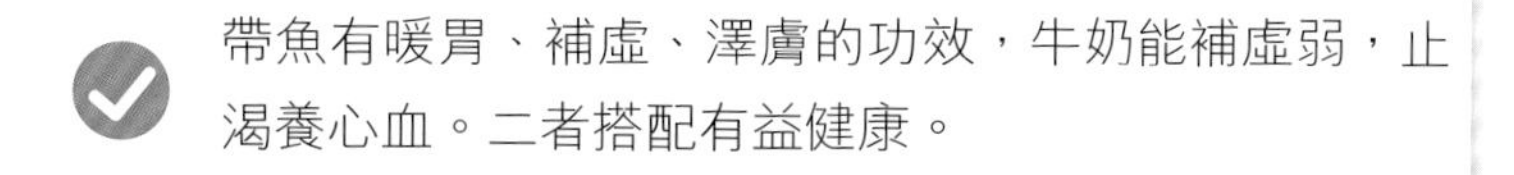

鱅魚 營養豐富，食療效果好

降壓關鍵點 ▶ 膠原蛋白

鱅魚含有的膠原蛋白既能抗人體老化，同時具有降低血壓的作用。

降脂關鍵點 ▶ 多不飽和脂肪酸

魚油中含有多不飽和脂肪酸，不僅能補充人體需要，還能降低血清總膽固醇和三酸甘油酯的濃度，維持血脂平衡。

降壓降脂吃法

鱅魚的吃法很多，清蒸、火鍋、燉煮，或者做石鍋魚都可以，高血壓和高血脂症患者適合清蒸或燉煮，鱅魚和豆腐煲湯是不錯的做法。

食用貼士

鱅魚的魚膽有毒，清理時要收拾乾淨。另外無論用什麼方法烹調，都要保證魚熟透再食用。

魚頭豆腐湯

材料：鱅魚魚頭1個，豆腐1塊，葱段、生薑、大蒜、香菜末、鹽、麵粉各適量。

做法：魚頭收拾乾淨，洗淨，裹麵粉，用七成熱的油煎一下。豆腐切片，與魚頭一起放入砂鍋中，再放入葱段、生薑、鹽，大火煮沸後，改用小火慢燉至魚熟，加入大蒜、香菜末即可。

營養成分	含量（每100克）	同類食物含量比較
脂肪	2.2克	低 ★
碳水化合物	4.7克	中 ★★
膽固醇	112毫克	低 ★
維他命E	2.65毫克	中 ★★
鉀	229毫克	中 ★★

魚頭和豆腐搭配，能保證魚的味道鮮美清新，並保持鱅魚原有的營養。

配搭		說明
豆腐＋鱅魚魚頭		二者搭配，小火燒煮至熟，佐以適量黃酒，有健脾胃、益腦髓的功效，經常食用，有益於健腦益智。
綠葉蔬菜＋鱅魚		綠葉蔬菜中的葉綠素可以起到防癌作用，與高蛋白、低脂肪的鱅魚搭配，若再佐以番茄，效果更佳。

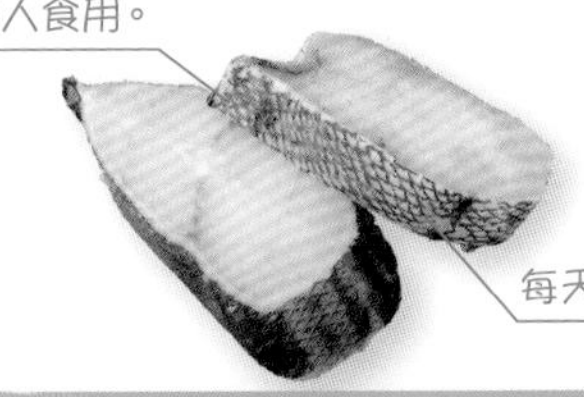

鱈魚 防止游離鈣沉積

降壓關鍵點 ▶ DHA①、EPA②、鎂

DHA和EPA能夠降低血液中總膽固醇和三酸甘油酯和低密度脂蛋白的含量。鎂元素可防止游離鈣沉積在血管壁上，可預防高血壓。

降脂關鍵點 ▶ 維他命、不飽和脂肪酸

鱈魚的魚肝油中含有豐富的維他命，以及不飽和脂肪酸，同時兼有魚油和魚肝油二者的功效，對降低膽固醇和血脂有一定幫助。

降壓降脂吃法

鱈魚可清蒸，也可燉湯服用。但鱈魚熱量較高，不可食用過多。另外，鱈魚和黃芪搭配蒸熟食用，可降低血液中的膽固醇。

食用貼士

鱈魚低脂肪、高蛋白，而且刺少，是適合老年人和兒童食用的營養食品。其包含兒童發育必需的多種氨基酸，故更適合兒童食用。

檸檬煎鱈魚

材料：鱈魚100克，檸檬1個，雞蛋白、鹽、澱粉各適量。

做法：將鱈魚洗淨切塊，加鹽醃製片刻，擠入少許檸檬汁。將鱈魚塊裹上蛋白和澱粉。鍋內放油燒熱，放入鱈魚煎至金黃，將多餘的油壓出來，裝盤時點綴檸檬片即可。

營養成分	含量（每100克）	同類食物含量比較
蛋白質	20.4克	中 ★★
脂肪	0.5克	低 ★
碳水化合物	0.5克	低 ★
膽固醇	114毫克	低 ★
鎂	84毫克	中 ★★
鐵	0.5毫克	低 ★
維他命B_1	0.04毫克	中 ★★
維他命B_2	0.13毫克	中 ★★

用蛋白和麵粉裹住滴了檸檬汁的鱈魚，不要放入蛋黃。

草菇＋鱈魚  草菇富含維他命C，與營養豐富的鱈魚搭配，對心血管系統有很好的保護作用。

注：①DHA是對人體很重要的一種多不飽和脂肪酸，有降低脂肪、預防心臟血管疾病作用。
②EPA是人體不可缺少的多不飽和脂肪酸，但人體自身不能合成，要依靠食物的補充。

好的活的鰻魚魚身柔軟，呈青藍色，含適度的脂肪。

每天適宜吃30~50克

鰻魚

降低血液中的總膽固醇含量

降壓關鍵點 ▶ DHA、EPA

鰻魚中所含的DHA，可降低血液中總膽固醇和三酸甘油酯的含量。EPA可防止低密度脂蛋白沉積在血管壁上，並可增加高密度脂蛋白含量，起到清理血管的作用。

降脂關鍵點 ▶ 不飽和脂肪酸

鰻魚中富含不飽和脂肪酸，可降低血液中膽固醇、低密度脂蛋白和三酸甘油酯的含量，起到降低血脂的作用，同時也降低心血管疾病發病率。

降壓降脂吃法

鰻魚分為河鰻和海鰻，"三高"患者最好選擇海鰻，少吃河鰻。因為河鰻的脂肪和膽固醇含量均比海鰻高很多。鰻魚可做成料理食用，也可燒菜或者烤食。烤鰻魚味道鮮美，不僅營養豐富，也能調節血壓、血糖。

食用貼士

鰻魚特別適合年老體弱者食用。對水產品過敏的人忌食鰻魚。

鰻魚手卷

材料：壽司飯100克，烤鰻魚1塊，海苔1張，紫蘇葉、鰻魚醬、苦苣、芥末各適量。

做法：烤鰻魚放入烤箱烤至香脆，切條；海苔切成兩半。在海苔一角鋪上少許壽司飯，壓緊。飯上鋪紫蘇葉，擠少許芥末，擺上烤鰻魚條、苦苣。捲緊成圓錐形，淋上鰻魚醬即可。

營養成分	含量（每100克）	同類食物含量比較
蛋白質	18.8克	中 ★★
脂肪	5克	中 ★★
碳水化合物	0.5克	低 ★
膽固醇	71毫克	低 ★
鎂	27毫克	低 ★
磷	159毫克	低 ★

製作鰻魚手卷時不放鹽或少放鹽，一次也不宜吃太多。

淮山＋鰻魚  二者搭配同食，可補中益氣、溫腎止瀉，對腎虛所致的五更傾瀉療效尤佳。

黃酒＋鰻魚  清蒸鰻魚時適當加些黃酒，對虛勞體弱、肺虛的人有很好的補益作用。

外表光澤自然、解凍後有彈性的金槍魚質量好。

金槍魚 預防動脈硬化

每天適宜吃50克

降壓關鍵點 ▶牛磺酸、不飽和脂肪酸

金槍魚中所含的牛磺酸可降低血壓和血液中的膽固醇含量，預防動脈硬化。金槍魚中的不飽和脂肪酸，可降低膽固醇和三酸甘油酯含量，降低血壓，保護心血管健康。

降脂關鍵點 ▶EPA、蛋白質

金槍魚所含的EPA和蛋白質，能使低密度脂蛋白不沉積在血管壁上，增加高密度脂蛋白含量，起到清理血管的作用，可預防由膽固醇引發的疾病。

降壓降脂吃法

金槍魚是西餐常用魚之一，可做海鮮料理食用。另外，在購買金槍魚時，要選擇光澤自然、解凍後有彈性的魚，這種特徵的魚是正常儲存的，經一氧化碳處理過的金槍魚則異之。

食用貼士

金槍魚是美容、減肥的健康食品，尤其適合心腦血管疾病患者。另外，金槍魚有健腦保健作用，適合兒童和青少年食用。

金槍魚壽司

材料：壽司飯、金槍魚肉各100克，芥末少許。

做法：將金槍魚肉洗淨，斜角45° 切片。雙手沾涼開水，取略小於手掌心的壽司飯，揉搓成飯團。在金槍魚的一面抹點芥末，將此面朝上。把飯團輕壓在上面，翻轉放置即可。每次適量食用。

營養成分	含量（每100克）	同類食物含量比較
蛋白質	23.5克	中 ★★
脂肪	0.6克	低 ★
膽固醇	51毫克	低 ★
鉀	230毫克	中 ★★
硒	78微克	高 ★★★

生吃時，金槍魚中的營養物質保留得最好。

配搭宜忌

花椰菜＋金槍魚 

花椰菜和金槍魚搭配，花椰菜中的萊菔硫烷與金槍魚中的硒搭配，可阻止癌細胞生長，起到抗癌作用。

最好挑黃色有斑點的黃鱔。

每天適宜吃50克

黃鱔 排出體內膽固醇和中性脂肪

降壓關鍵點 ▶ **卵磷脂**

黃鱔中的卵磷脂能夠乳化血管中多餘的膽固醇和中性脂肪並排出體外，防止其沉澱在血管壁上，可改善和預防高血壓、動脈硬化等疾病。

降脂關鍵點 ▶ **DHA**

DHA可降低血液中的總膽固醇和三酸甘油酯的含量，預防血栓形成，對預防高血壓、腦血管疾病有一定作用。DHA對兒童腦發育也尤為重要，可改善腦退化症徵狀。

降壓降脂吃法

黃鱔可炒食，也可煲湯。其與西芹搭配炒菜，能穩定血壓。另外，小暑前後一個月的黃鱔最具滋補作用，味道也最為鮮美。

食用貼士

黃鱔要現殺現烹，不可食用死黃鱔。死黃鱔體內組氨酸會轉化為有毒物質，易引起中毒。

栗子黃鱔煲

材料：黃鱔200克，栗子50克，生薑、鹽、料酒各適量。

做法：黃鱔去內臟，洗淨後用熱水燙去黏液，切段，放鹽、料酒拌勻；栗子洗淨去殼；生薑洗淨切片。將黃鱔段、栗子、薑片一同放入鍋內，加水煮沸後，轉小火再煲1小時，加鹽即可。每次適量食用。

營養成分	含量（每100克）	同類食物含量比較
蛋白質	18克	中 ★★
脂肪	1.4克	低 ★
碳水化合物	1.2克	低 ★
膽固醇	126毫克	低 ★
維他命A	50微克	中 ★★
維他命B_2	0.98毫克	高 ★★★
錳	2.22毫克	高 ★★★
硒	34.56微克	低 ★

與栗子搭配食用，降壓降脂效果更好。

配搭宜忌

蓮藕＋黃鱔  黃鱔含蛋白質、磷、鐵等成分，與青椒搭配，營養豐富。2型糖尿病患者經常食用黃鱔可使血糖下降。

青椒＋黃鱔  兩者同食，可保持酸鹼平衡，對滋養身體有較好的功效。

將沙丁魚煮熟食用，既沒有魚腥味，又能吸收魚中的氧化鈣。

沙丁魚 防止動脈硬化

每天適宜吃50克

▶ 磷脂

沙丁魚中的磷脂是一種有益的脂肪酸，能夠抑制三酸甘油酯的產生，並有逐漸降低血壓的作用。

▶ 牛磺酸

沙丁魚中的牛磺酸可降低血液中膽固醇的含量，從而達到降低血脂的目的，也能預防心血管疾病的發生。

降壓降脂吃法

沙丁魚可燒菜食用，也可煎食。沙丁魚在烹調前可先用鹽醃一下，然後放入啤酒中煮半小時，可達到去腥的效果。

食用貼士

一般人均可食用。沙丁魚罐頭是沙丁魚與番茄醬做成的，含鹽量較高，高血壓、高血脂症患者應少食。

沙丁魚燉薯仔

材料：沙丁魚2條，薯仔2個，葱末、蒜末、香菜末、豆豉醬、醬油各適量。

做法：將冷凍的沙丁魚放入清水中解凍，去掉魚頭清除內臟，沖洗乾淨；薯仔切條。沙丁魚用油煎至兩面金黃，下葱末、蒜末、豆豉醬翻炒，下醬油略炒，出香氣後下薯仔和水，燉熟，撒香菜末即可。

營養成分	含量（每100克）	同類食物含量比較
蛋白質	19.8克	中 ★★
脂肪	1.1克	低 ★
膽固醇	158毫克	中 ★★
鈣	184毫克	中 ★★
磷	183毫克	中 ★★
硒	48.95微克	中 ★★

用沙丁魚燉薯仔吃，能有效防止血栓形成。

番茄＋沙丁魚  二者搭配，可減少沙丁魚的油膩感，也可使魚肉更鮮嫩。

新鮮的三文魚肉質鮮美、緊密而有彈性，肉色潤澤。

每天適宜吃50克

三文魚 有助於預防心血管疾病

降壓關鍵點 ▶ 不飽和脂肪酸

三文魚中的不飽和脂肪酸可調節血壓，常食用三文魚，高血壓患者的血壓會有明顯下降。

降脂關鍵點 ▶ 維他命和礦物質

三文魚含有豐富的維他命和礦物質，是鎂等礦物質的良好來源，經常吃三文魚可降低血脂和膽固醇，有助於預防心血管疾病。

降壓降脂吃法

三文魚可生吃、煎炸，也可炒着吃。由於高溫會破壞三文魚中蝦青素的抗氧化性，所以生吃最科學。

食用貼士

三文魚尤其適宜心血管疾病患者和腦力勞動者食用。另外，生食一定要選新鮮無污染的三文魚。

香煎三文魚

材料：三文魚1塊，葱段、薑片、鹽各適量。

做法：三文魚用葱段、薑片、鹽醃一下，平底鍋燒熱，倒油，兩面煎熟即可。

營養成分	含量（每100克）	同類食物含量比較
蛋白質	17.2克	中 ★★
維他命B1	0.07毫克	高 ★★★
維他命B2	0.18毫克	中 ★★
膽固醇	68毫克	低 ★
鉀	361毫克	高 ★★★
鈉	63.3毫克	低 ★
鎂	36毫克	中 ★★

食用時，將多餘的油擠壓乾淨，可擠檸檬汁同食。

配搭宜忌

苦瓜＋三文魚  二者搭配，再適量加點雞蛋白，原汁原味，有清爽解毒之功效，是夏季清熱解毒的佳品。

洋葱＋三文魚  三文魚富含維他命B雜，洋葱則富含大蒜素，二者搭配，可達到消除疲勞、美容養顏的功效。

將鯉魚背上的兩條白筋抽出，
烹調好的魚就沒有腥味了。

每天適宜吃80克

鯉魚 預防動脈硬化和冠心病

降壓關鍵點 ▶ 鎂

鯉魚所含的鎂元素，能夠保護心血管，預防動脈硬化以及冠心病等心血管疾病。

降脂關鍵點 ▶ 不飽和脂肪酸

鯉魚含有豐富的不飽和脂肪酸，具有良好的降低膽固醇、三酸甘油酯的作用，預防血栓和動脈硬化的形成。

降壓降脂吃法

鯉魚清蒸、紅燒、煮湯均可。用鹽水浸泡或者塗些黃酒在鯉魚身上，能夠去掉鯉魚的腥味。另外將鯉魚背上的兩條白筋抽出，烹調好的魚就沒有腥味。

食用貼士

鯉魚是發物，有皮膚濕疹、蕁麻疹等疾病的患者也不能食用。

冬瓜青菜鯉魚湯

材料：鯉魚1條，冬瓜、小油菜各100克，生薑1塊，鹽適量。

做法：鯉魚清理乾淨，冬瓜切片，小油菜切碎，生薑拍鬆。燒開水，放入鯉魚和生薑，再燒開後撇去浮沫，放入冬瓜，蓋牢鍋蓋用中火燉煮10分鐘，取出生薑，放鹽，投入小油菜末燒2分鐘即可。

營養成分	含量（每100克）	同類食物含量比較
蛋白質	17.6克	中 ★★
脂肪	4.1克	中 ★★
碳水化合物	0.5克	低 ★
維他命E	1.27毫克	低 ★
鎂	33毫克	中 ★★
鉀	334毫克	中 ★★

煮湯時也可在湯中加入赤小豆，有健脾益腎和減肥功效。

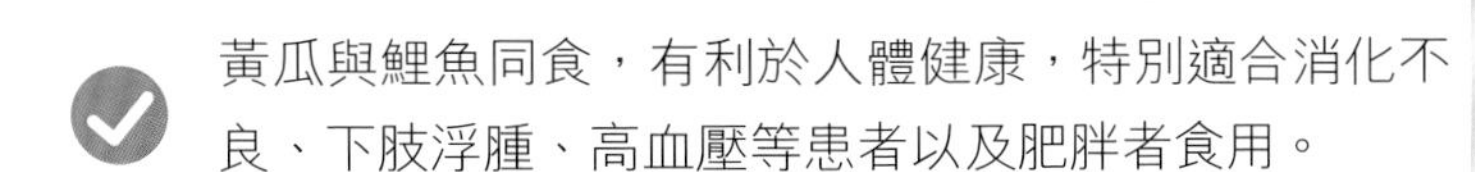

配搭	宜忌	說明
黃瓜＋鯉魚	✔	黃瓜與鯉魚同食，有利於人體健康，特別適合消化不良、下肢浮腫、高血壓等患者以及肥胖者食用。
甘草＋鯉魚	✖	甘草與鯉魚性味相反，同食對健康不利，並且甘草不宜與任何魚類搭配食用。

水魚 淨化血液，控制膽固醇水平

降壓關鍵點 ▶ 蛋白質、碘、鐵、維他命 B_3

水魚中的蛋白質、碘、鐵、維他命 B_3，能起到較好的淨化血液的功效，經常食用可控制膽固醇水平，從而達到控制血壓的目的。

降脂關鍵點 ▶ 膠原蛋白

水魚中的膠原蛋白，可降低血液中膽固醇和三酸甘油酯含量，達到減肥降脂的目的。

降壓降脂吃法

水魚可煲湯食用。在清理水魚時，不要把水魚裙邊(飛邊)刮破或刮掉，這部分味最美。

食用貼士

不要食用死水魚，對人體有害，要食用鮮活的水魚。另外，孕婦、胃腸功能虛弱、肝炎患者不宜食用。

水魚枸杞粥

材料：大米100克，水魚1隻，枸杞子、鹽、料酒、葱段、薑片、胡椒粉各適量。

做法：水魚清理乾淨，剁小塊，水焯撈出，刮去黑皮。炒鍋燒熱倒油，下水魚，炒至無血水，加料酒、葱段、薑片、水燒開，大火燉爛。揀去葱薑，留水魚肉，再加入洗淨的大米、鹽、枸杞子煮成粥，出鍋前加適量胡椒粉即可。

營養成分	含量（每100克）	同類食物含量比較
蛋白質	17.8克	中 ★★
脂肪	4.3克	中 ★★
碳水化合物	2.1克	低 ★
磷	114毫克	低 ★
鉀	196克	低 ★
硒	15.19微克	低 ★
鐵	2.8毫克	中 ★★

水魚與枸杞子熬粥，口感清淡，滋補效果更佳。

配搭		說明
淡菜＋水魚	✔	水魚味甘、鹹，性平，有滋陰補液、強壯健身的功效。淡菜具有滋陰養腎、軟腎散結的功效。二者可同食。
西洋參＋水魚	✔	二者同食可補氣養陰、清火、養胃。西洋參品性溫和，寧神益智，補腎健胃，而水魚具有很好的滋補功效。

蛤蜊 控制體內血脂含量

降壓關鍵點 ▶ delta7-膽固醇、24-亞甲基膽固醇

蛤蜊肉含有代爾太7-膽固醇和24-亞甲基膽固醇，能降低血清膽固醇，並且能夠加速膽固醇排出體外，從而使體內膽固醇下降。

降脂關鍵點 ▶ delta7-膽固醇、24-亞甲基膽固醇

蛤蜊中含有的這兩種物質可降低體內膽固醇含量，達到降低血脂的效果，控制體內血脂含量。

降壓降脂吃法

蛤蜊在烹製時，不要加味精，也不宜多放鹽，以免失去鮮味。另外，蛤蜊最好提前一天用水浸泡，才能使其吐乾淨泥沙。

食用貼士

蛤蜊性寒，故脾胃虛寒、腹瀉便溏者應忌食。受涼感冒者也不宜食用。另外，蛤蜊不宜與啤酒同食，容易誘發痛風。不要吃未熟透的貝類，避免傳染肝炎等疾病。

蛤蜊豆腐湯

材料：蛤蜊150克，豆腐100克，葱花、薑片、鹽、胡椒粉各適量。

做法：在清水中滴入少許的麻油，將蛤蜊放入，讓蛤蜊徹底吐淨泥沙，洗淨；豆腐切丁。鍋中放水和薑片煮沸，下蛤蜊和豆腐丁。轉中火繼續煮，蛤蜊張開殼，豆腐熟透後，加鹽、胡椒粉調味，撒上葱花即可。每次適量食用。

營養成分	含量（每100克）	同類食物含量比較
蛋白質	10.1克	低 ★
脂肪	1.1克	低 ★
碳水化合物	2.8克	低 ★
膽固醇	156毫克	中 ★★
鈣	133毫克	中 ★★
硒	54.31微克	中 ★★

每周一次蛤蜊豆腐湯，能緩解老年人皮膚瘙癢症狀。

配搭宜忌

豆腐＋蛤蜊	✔	蛤蜊滋陰潤燥，豆腐清熱解毒，搭配食用可以緩解氣血不足症狀，還可改善皮膚粗糙現象。
韭菜＋蛤蜊	✔	二者搭配着一起吃，對肺結核、潮熱、陰虛盜汗有食療作用。

宜選外殼完全封閉的蠔，外殼已張開的差些。

每天適宜吃15~30克(去殼)

蠔 減少膽固醇蓄積，穩定血液狀態

降壓關鍵點 ▶ 鋅

蠔富含鋅元素，可調節人體內鋅與鎘的比例，減少因鎘過量引起的血壓升高。同時，鋅也可以減少膽固醇的蓄積，穩定血液狀態。

降脂關鍵點 ▶ 氨基酸、牛磺酸

蠔富含多種氨基酸，可降低血膽固醇濃度，預防動脈硬化。蠔中的牛磺酸，可促進分解肝臟中的膽固醇，降低血液中膽固醇的含量，從而達到降脂的目的。

降壓降脂吃法

蠔可煲湯，也可蒸煮，烹調方法很多。可將其與洋葱搭配食用。

食用貼士

蠔中泥沙較多，烹調前應逐個仔細沖洗。蠔性微寒，體質虛寒者忌食蠔。

蠔粥

材料：蠔10個，豬肉50克，大米100克，鹽、洋葱末、胡椒粉各適量。

做法：蠔洗淨去殼，豬肉切絲。大米煮至米開花時加入蠔肉、豬肉、鹽，一起煮成粥，再加入洋葱末、胡椒粉調勻即可。

蠔不宜煮太久，否則會失去鮮味。

營養成分	含量（每100克）	同類食物含量比較
蛋白質	5.3克	低 ★
脂肪	2.1克	低 ★
碳水化合物	8.2克	高 ★★★
膽固醇	100毫克	低 ★
鐵	7.1毫克	高 ★★★
鋅	9.39毫克	高 ★★★
硒	86.64微克	高 ★★★

洋葱＋蠔 

洋葱是唯一含前列腺素A的蔬菜，這種物質可擴張血管，降低血液黏稠度，二者同食可促進血壓下降。

牛奶＋蠔 

蠔和牛奶都富含鈣，二者搭配食用，可強化骨骼及牙齒，有助於成長發育期的兒童及青少年。

發好的海參宜及時食用，最好不超過3天，且要勤換水。

海參

降低血清總膽固醇和三酸甘油酯

▶維他命B_3、氨基酸

海參是高蛋白、低脂肪、低膽固醇的食物。其中的維他命B_3、氨基酸可參與體內物質的新陳代謝，將體內多餘脂肪排出體外，防止血壓升高。

▶海參多糖

海參中含有的海參多糖，可降低體內血清總膽固醇和三酸甘油酯，從而調節血脂，控制血脂平衡。

降壓降脂吃法

海參可涼拌、煮粥、炒食、紅燒和煲湯。夏天進補的最好方法是涼拌。購買海參時要乾燥，以免變質。烹調海參時不宜加醋，加醋會破壞膠原蛋白，其營養價值也會隨之降低。

食用貼士

感冒、咳嗽、脾胃虛弱、便溏者忌食海參。另外，發好的海參應及時食用，不可再次冷凍，會影響質量。

海參雲耳湯

材料：海參、雲耳、豬瘦肉各100克，銀耳50克，紅棗40克，麻油、鹽、生薑各適量。

做法：海參洗淨切片，豬瘦肉洗淨切小塊，雲耳、銀耳泡發，紅棗洗淨。將所有食材倒入砂鍋煲湯，煲30~50分鐘後，放入麻油、鹽和生薑，煮5分鐘後即可。

營養成分	含量（每100克）	同類食物含量比較
蛋白質	16.5克	中 ★★
脂肪	0.2克	低 ★
碳水化合物	2.5克	低 ★
膽固醇	51毫克	低 ★
鈣	285毫克	高 ★★★
鎂	149毫克	高 ★★★
硒	63.93微克	高 ★★★

可在湯中加入蘑菇、紅棗，滋補效果更佳。

雲耳＋海參 

二者搭配同食，可滋陰養血、潤燥滑腸，適用於產婦血虛津虧、大便燥結者。

羊肉＋海參 

二者都屬溫補食材，可補血補身，兩者搭配或先後食用，可強身健體、補充精力。

海蜇 擴張血管，降低血壓

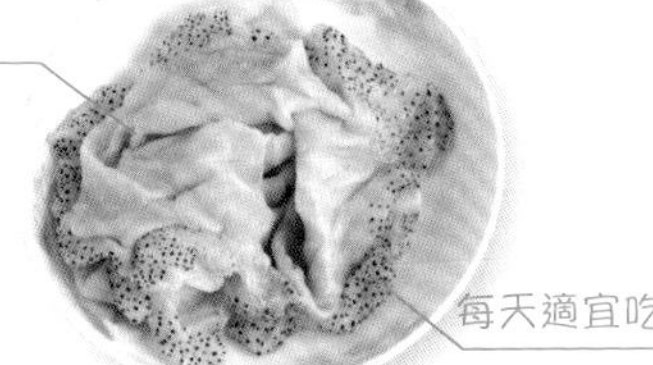

應挑選片大平整、色澤淡白、肉厚有韌性的海蜇。

每天適宜吃30克

降壓關鍵點 ▶ 活性肽

海蜇中的活性肽有降壓作用，另外含有類似於乙酰膽鹼的物質，可擴張血管，達到降低血壓的目的。

降脂關鍵點 ▶ 甘露多糖膠質

海蜇所含的甘露多糖膠質，對防治動脈粥樣硬化有一定的功效。

降壓降脂吃法

海蜇的烹調方法中以涼拌為主。在烹調前，將海蜇中泥沙洗淨，放入熱水中焯一下，然後迅速倒入冷水，這樣的海蜇會更加爽脆。

食用貼士

新鮮海蜇不宜食用，其含有毒素，要用鹽加上明礬醃漬三次，使其脱水三次，才能清除毒素。另外，海蜇性涼，脾胃虛寒者不宜食用。

涼拌海蜇皮

材料：海蜇皮200克，黃瓜絲50克，醋、白糖、鹽、麻油、彩椒各適量。

做法：將海蜇皮浸泡8小時，洗淨切絲。熱水略燙，瀝乾涼涼；黃瓜洗淨切絲。把醋、白糖、鹽、麻油調成小料。海蜇裝盤，撒黃瓜絲，澆上小料即可，可用彩椒做裝飾。每次適量食用。

營養成分	含量（每100克）	同類食物含量比較
蛋白質	3.7克	低★
脂肪	0.3克	低★
碳水化合物	3.8克	低★
維他命E	2.13毫克	低★
鉀	160毫克	低★
鎂	124毫克	高★★★

涼拌海蜇時，要少加醋，以免影響其鮮味。

馬蹄＋海蜇  海蜇清熱滋陰、軟堅化痰，馬蹄清熱生津、涼血解毒，二者搭配，可清熱生津、滋養胃陰。

白糖＋海蜇  用白糖來醃製海蜇，會導致醃製的海蜇不能長時間儲藏，因此最好不要這樣做。

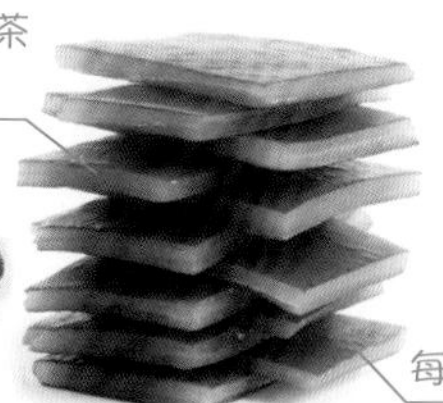

吃海帶後，不要立即喝茶和吃酸澀的水果。

每天適宜吃30~50克

海帶 清除血脂

降壓關鍵點 ▶ 褐藻酸、鈣、鉀、鎂

褐藻酸能調順腸胃，促進膽固醇排泄；鈣可降低人體對膽固醇的吸收，並且降低血壓；鎂可平衡體內的鈉，並可以擴張血管。

降脂關鍵點 ▶ 昆布素、不飽和脂肪酸

海帶中所含的昆布素等多糖類，有清除血脂的作用。海帶中的不飽和脂肪酸可清除附着在血管壁上過多的膽固醇。

降壓降脂吃法

海帶可涼拌、煲湯，也可炒食。海帶中含有有毒元素砷，可在烹調前用清水洗淨，浸泡在水中12~24小時，在此期間勤換水，就可以放心食用。

食用貼士

海帶中含有大量的碘，可補充人體需要。但甲狀腺功能亢進病人不要吃海帶，會加重病情。

排骨海帶湯

材料：排骨300克，海帶50克，鹽、醋、葱、生薑各適量。

做法：排骨洗淨斬塊，海帶洗淨切小塊。鍋中倒水燒沸，排骨焯水，撈起沖淨。鍋中倒油燒熱，下葱、生薑炒香，放入排骨煸炒3分鐘，放入海帶略炒，倒水，調入鹽、醋，小火燉熟即可。

營養成分	含量（每100克）	同類食物含量比較
蛋白質	1.1克	低★
脂肪	0.1克	低★
碳水化合物	3克	低★
維他命B_1	0.02毫克	低★
維他命B_2	0.1毫克	低★
鉀	222毫克	中★★
鎂	3.3毫克	低★

燉煮時加入少量醋，能充分溶解骨頭中的鈣質。

配搭宜忌

菠菜＋海帶 
二者均富含磷和鈣，適量搭配食用，有助於人體維持鈣與磷的平衡，對骨骼和牙齒很有好處。

排骨＋海帶 
二者搭配，再佐以黃酒，肉爛骨脱、海帶滑爛，有潤澤肌膚的功效，很適合女性食用。

相比紫菜來說，加工後的海苔含有更多的油脂和鹽，最好少吃些。

每天適宜吃5~15克

紫菜 防止游離鈣在血管壁上的沉積

降壓關鍵點 ▶鎂、EPA

鎂可防止游離鈣在血管壁上沉積，預防動脈硬化，穩定血壓。EPA可降低膽固醇和三酸甘油酯，降低血液黏稠度，增進血液循環。

降脂關鍵點 ▶牛磺酸、DHA

紫菜中含有的牛磺酸可降低低密度脂蛋白，不僅可以穩壓降脂，也可保護肝臟。DHA能阻止膽固醇在血管壁上的沉積，可預防動脈粥樣硬化和冠心病的發生。

降壓降脂吃法

乾紫菜可用來煲湯，也可泡發後涼拌或燒菜。紫菜與紫椰菜搭配烹調，可使二者營養得到更好的發揮。

食用貼士

胃腸功能較弱者應少食紫菜。腹痛、便溏者也不宜食用紫菜。

紫菜豆腐湯

材料：豆腐30克，紫菜10克，葱花、鹽各適量。

做法：將豆腐切塊，和紫菜放入鍋內，加水煮沸後，轉小火慢燉至豆腐熟透，放適量鹽和葱花即可。

營養成分	含量（每100克）	同類食物含量比較
蛋白質	26.7克	中★★
脂肪	1.1克	低★
碳水化合物	1.1克	低★
維他命A	228微克	高★★★
鉀	1796毫克	高★★★
磷	350毫克	高★★★
硒	7.22微克	低★
鎂	105毫克	高★★★

紫菜要仔細清理，換一兩次水，將紫菜中的泥沙洗乾淨。

配搭宜忌

蜂蜜＋紫菜  紫菜能清熱化痰，蜂蜜可止咳潤肺，兩者搭配適量食用，有益於肺及支氣管的健康。

墨魚＋紫菜  紫菜富含葉酸、鐵及維他命B6，與富含蛋白質及鋅的墨魚搭配食用，可美容及強健身體。

魚子

為什麼不宜吃魚子？

魚子是高熱量、高脂肪食物，而且含膽固醇也較高，過多攝取會打亂體內膽固醇平衡。另外，魚子不宜消化，容易引起腹瀉。故高血壓、高血脂症患者不宜吃魚子。而且血壓、血脂正常的人要把魚子煮熟煮透才能食用。河豚、鯰魚的魚子有毒，千萬不可食用。

營養成分	含量（每100克）	同類食物含量比較
熱量	201千卡	高 ★★★
蛋白質	9.6克	低 ★
脂肪	7.1克	高 ★★★
碳水化合物	24.7克	高 ★★★
維他命E	3.89毫克	中 ★★
磷	88克	低 ★
鋅	1.35毫克	低 ★

魷魚

為什麼不宜吃魷魚？

魷魚雖本身含有牛磺酸，可抑制體內膽固醇含量，但其本身也含有大量膽固醇，多食易導致動脈血管粥樣硬化，引發心腦血管疾病。

營養成分	含量（每100克）	同類食物含量比較
熱量	84千卡	中 ★★
蛋白質	17.4克	中 ★★
脂肪	1.6克	低 ★
膽固醇	268毫克	高 ★★★
維他命E	1.68毫克	低 ★
磷	19毫克	低 ★
鉀	290毫克	中 ★★

鮑魚

為什麼不宜吃鮑魚？

鮑魚雖含有鮑魚素，有抑癌功效，但鮑魚中鈉含量極高，高血壓患者食用易造成由鈉元素引起的血壓升高，引發心腦血管疾病。故高血壓、高血脂症患者慎食。

現在一些海水被污染，謹慎起見，不宜生吃鮑魚。

營養成分	含量（每100克）	同類食物含量比較
熱量	84千卡	中 ★★
蛋白質	12.6克	低 ★
脂肪	0.8克	低 ★
碳水化合物	6.6克	高 ★★★
膽固醇	242毫克	中 ★★
鈣	266毫克	高 ★★★
鈉	3095毫克	高 ★★★

河蟹

為什麼不宜吃河蟹？

河蟹雖營養豐富，但蟹黃中含有較高膽固醇，高血壓、高血脂症患者食用後容易引起血壓、血脂上升，故不宜食河蟹。

營養成分	含量（每100克）	同類食物含量比較
熱量	103千卡	中 ★★
蛋白質	17.5克	中 ★★
脂肪	2.6克	低 ★
碳水化合物	2.3克	低 ★
膽固醇	267毫克	高 ★★★
鈣	126毫克	中 ★★
鉀	181毫克	低 ★

核桃仁

淨化血液，促進膽固醇代謝

與山楂搭配食用，能降血脂和膽固醇。

每天適宜吃20克

▶ 維他命E、不飽和脂肪酸

核桃仁中所含的維他命E，可防止氧化對血管的傷害，淨化血液，對降低血壓有一定的作用。另外，核桃仁所含的脂肪酸中大部分是不飽和脂肪酸，可降低血壓，防治動脈硬化。

▶ 不飽和脂肪酸、鉻

核桃仁中的不飽和脂肪酸不僅可淨化血液，也可減少人體腸道對膽固醇的吸收，排除血管壁附着的雜質，降低膽固醇，防治動脈硬化。另外，核桃仁中的鉻可促進膽固醇代謝，保護心血管。

降壓降脂吃法

高血壓、高血脂症患者在吃核桃仁時最好不要把表面的褐色薄皮剝掉，其含有豐富營養。

食用貼士

核桃仁含有較多油脂，有潤腸作用，故一次不宜食用太多，避免引起腹瀉。

紅棗核桃仁粥

材料：核桃仁、紅棗各5顆，大米100克，白糖適量。

做法：大米、紅棗洗淨，放入鍋中，加水，大火煮沸後改小火煮30分鐘，然後加入核桃仁煮至粥熟，放白糖攪勻即可。

若核桃仁太大，可掰碎放進粥裏，口感更好。

營養成分	含量（每100克）
蛋白質	12.8克
脂肪	29.9克
碳水化合物	6.1克
膳食纖維（非水溶性）	4.3毫克
維他命B_1	0.07毫克
維他命B_2	0.14毫克
維他命E	41.17毫克

紅棗＋核桃仁

富含維他命C、鐵及膳食纖維的西芹，與富含胡蘿蔔素、維他命E的核桃仁同食，可潤發、明目、養血。

栗子

降低血清總膽固醇含量

降壓關鍵點 ▶ 不飽和脂肪酸、維他命、礦物質

栗子中所含的不飽和脂肪酸可清除體內多餘膽固醇，維他命可防止血管氧化。它們和礦物質一起，可防治高血壓、冠心病和動脈硬化等疾病。

降脂關鍵點 ▶ 不飽和脂肪酸

栗子中的不飽和脂肪酸能降低血清總膽固醇含量，也可減少腸道對膽固醇的吸收，從而達到降低血脂的作用。

降壓降脂吃法

栗子與大米一起煮粥，可增強脾胃功能。另外，栗子也可與雞肉搭配煲湯，可補益脾胃、益氣養血。

食用貼士

栗子不宜生食且一次不宜食用過多，不然會導致胃部不適。另外，脾胃虛弱、消化不良者一次不宜食用過多。

紅棗栗子粥

材料：栗子8顆，紅棗6顆，大米100克。

做法：栗子煮熟去皮；紅棗提前浸泡，洗淨去核；大米洗淨，用水浸泡30分鐘。將大米和紅棗放入鍋中，加水煮沸，然後放栗子。轉小火煮至大米熟透即可。

營養成分	含量（每100克）
蛋白質	4.2克
脂肪	0.7克
碳水化合物	42.2克
維他命A	32微克
維他命C	24毫克
不飽和脂肪酸	0.6克
鉀	442毫克
磷	89毫克
鐵	1.1毫克

紅棗要提前浸泡10~20分鐘，煮粥時先放紅棗再放栗子。

紅棗＋栗子  栗子與紅棗一起吃，具有健脾益氣、養胃健腦、補腎強筋等功效。

牛肉＋栗子  栗子中的維他命易與牛肉中的微量元素發生反應，會削弱栗子的營養價值，而且不易消化。

松子仁 降低血液低密度脂蛋白

應挑選顆粒大、形體完整、顏色白淨且乾燥者。

每天適宜吃20克

降壓關鍵點 ▶ **維他命E**

維他命E，有很強的抗氧化作用，可降低血液中的低密度脂蛋白，防止血管硬化，降低血壓。

降脂關鍵點 ▶ **不飽和脂肪酸**

不飽和脂肪酸可降低體內的膽固醇和三酸甘油酯，起到保護心血管作用。松子可潤腸通便，幫助高血壓、高血脂症患者控制體重。

營養成分	含量（每100克）
蛋白質	13.4克
脂肪	70.6克
碳水化合物	12.2克
維他命B_1	0.19毫克
維他命B_2	0.25毫克
鉀	502毫克
維他命E	32.79毫克

降壓降脂吃法

松子仁與雞肉搭配，可更好攝取松子中的維他命E，幫助高血壓、高血脂症患者維持心血管健康。

食用貼士

適宜中老年體質虛弱、大便乾結者，以及心腦血管病人。脾虛泄瀉、腎虧遺精者，及疣濕較重者忌食。

松子仁爆雞丁

材料：松子仁20克，雞肉250克，葱末、薑末、鹽、白糖、水澱粉、胡椒粉各適量。

做法：雞肉切丁；松子仁去皮，略炸。鍋中倒油，燒至四成熱時放入雞肉丁撥散，盛出控油。另取鍋倒油，放入葱末、薑末爆香，加鹽、白糖、胡椒粉，下雞丁翻炒，用水澱粉勾芡，下松子仁炒勻即成。

松子仁爆雞丁，能更好地釋放松子仁中的維他命E。

雞肉＋松子仁  二者同食能提高維他命 E 的攝取，如用植物油拌炒，更能提高維他命 E 的攝取。

白酒＋松子仁  酒精中的乙醇與含脂肪的松子仁同食，會使脂肪蓄積在肝臟中，易導致脂肪肝，損害身體。

沒有吃過腰果的人，第一次不要多吃，避免過敏。

腰果 可促進心臟、血管健康

每天適宜吃30克

降壓關鍵點 ▶ 鎂、鉀、硒等礦物質

鎂可促進心臟、血管的健康，防止鈣沉澱在血管壁上；鉀能促進體內鈉的排出，維持心率正常，穩定血壓。

▶ 單不飽和脂肪酸

單不飽和脂肪酸可降低血中膽固醇、三酸甘油酯和低密度脂蛋白含量，並能很好地軟化血管，保護血管，防治心血管疾病。

降壓降脂吃法

腰果仁可直接食用，也可炸食或製作點心。其與西芹搭配涼拌食用，具有很高的營養價值。

食用貼士

腰果過敏人群不宜食用。另外，腰果富含油脂，故腸炎、腹瀉患者不宜食用。

清炒腰果西蘭花

材料：西蘭花200克，腰果30克，胡蘿蔔50克，鹽、白糖、水澱粉各適量。

做法：西蘭花洗淨掰塊，胡蘿蔔切片。西蘭花、胡蘿蔔用水焯。鍋中倒油燒至三四成熱，放入腰果，炸至金黃色取出控油。留少許油燒熱，放入西蘭花、胡蘿蔔片翻炒，加入鹽、白糖、水，煮沸後以水澱粉勾芡，再放入腰果略炒即可。

營養成分	含量（每100克）
蛋白質	17.3克
脂肪	36.7克
碳水化合物	41.6克
膳食纖維（非水溶性）	3.6克
維他命E	3.17毫克
磷	395毫克
鉀	503毫克
鎂	153毫克
硒	34微克

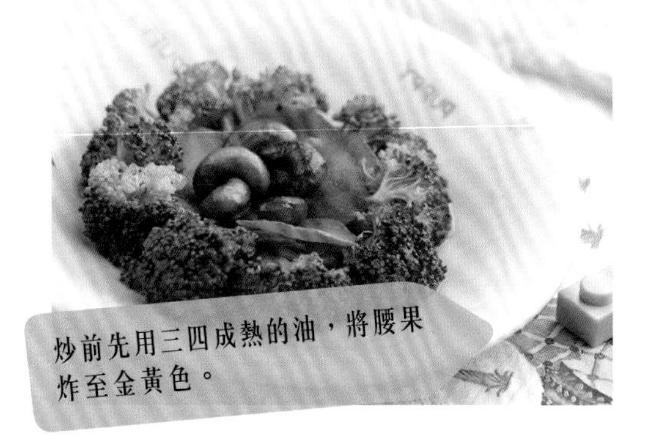
炒前先用三四成熱的油，將腰果炸至金黃色。

配搭		說明
大蒜+腰果		腰果含有維他命 B1，與大蒜同食，有助於消除疲勞，幫助集中注意力，同時具有護膚效果。
蝦仁+腰果	✓	二者都含有鐵和銅，能幫助鐵轉化成帶氧的血紅蛋白，亮麗皮膚，豐潤毛髮，減輕關節炎的疼痛。

花生皮既能養血，又能補血，
故食用時不宜去皮。

每天適宜吃25~50克

花生

分解膽固醇，防止動脈硬化

降壓關鍵點 ▶ 維他命E、木犀草素

維他命E，可降低血脂並淨化血液，能抗血管氧化，防止血管硬化，還能降低血壓。木犀草素等物質同樣有降血壓、降血脂作用。

降脂關鍵點 ▶ 不飽和脂肪酸、膽鹼、卵磷脂

不飽和脂肪酸、膽鹼和卵磷脂，將人體內多餘的膽固醇分解成膽汁酸並排出體外，減少膽固醇在體內的堆積，防止由膽固醇引起的動脈硬化等症。

降壓降脂吃法

花生吃法很多，但以燉食最佳，這樣既避免營養素被破壞，又具有了口感潮潤、易於消化等特點。另外，將帶皮花生放入適量醋中浸泡1周後，每晚入睡前吃3~5粒，有助於降血壓。

食用貼士

應挑去黴變的花生，以防止黴變後花生中黃麴黴毒素對肝臟的不利影響。

花生番薯湯

材料：花生、番薯、紅棗各適量，牛奶1杯，生薑2片。

做法：花生、紅棗洗淨浸泡半小時(新鮮花生不用浸泡)；番薯洗淨切塊。鍋中放入花生、番薯、紅棗，加水沒過2厘米，小火燒開後放入薑片，煮至番薯變軟關火。盛入碗中後再澆入牛奶即可。

營養成分	含量（每100克）
蛋白質	12克
脂肪	25.4克
碳水化合物	13克
膳食纖維(非水溶性)	7.7克
維他命C	14毫克
維他命B_3	14.1毫克
磷	250毫克
維他命	2.93毫克

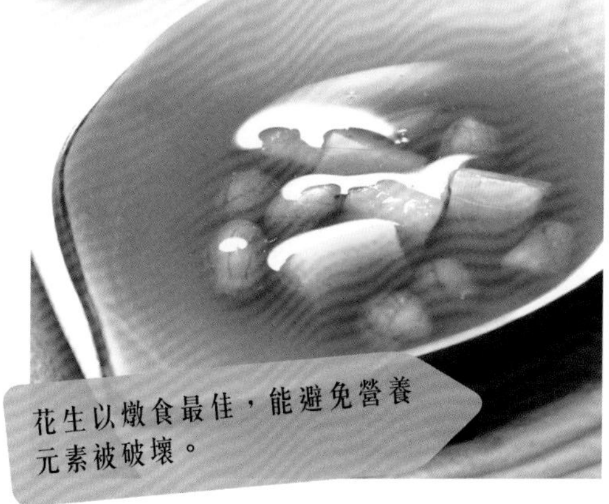

花生以燉食最佳，能避免營養元素被破壞。

紅酒＋花生 ✓ 紅酒是抗氧化劑，可防止血栓，還可保護心臟血管暢通無阻，再吃花生，則可明顯降低心臟病的發病率。

啤酒＋花生 ✓ 花生和啤酒一起吃，卵磷脂的含量極高，因此有健脾益智的功效。但不宜一次飲用過量啤酒。

要選果殼淡黃的，白色的很可能用雙氧水漂過。

每天適宜吃30~50克

開心果

排出體內有害物質

降壓關鍵點 ▶ 維他命E、膳食纖維

開心果中的維他命E，有很強的抗氧化作用，防止血管氧化，可降低血液中的低密度脂蛋白，防止血液凝固。開心果中的膳食纖維也可促進體內有害物質排出體外，降低血壓。

降脂關鍵點 ▶ 精氨酸、油脂

開心果中富含精氨酸，其不僅可預防動脈硬化，有助於降低血脂，還可降低心臟病發作風險，降低膽固醇。開心果中的油脂有潤腸通便的功效，可將體內有害物質排出體外。

降壓降脂吃法

開心果可直接食用。

食用貼士

開心果有潤腸通便的作用，故腹瀉者不宜食用，以免病情加重。儲藏時間太久的開心果最好不要食用。

營養成分	含量（每100克）
蛋白質	20.6克
脂肪	53克
碳水化合物	21.9克
膳食纖維（非水溶性）	8.2克
維他命E	19.36毫克
磷	468毫克
鈣	108毫克

與豆類搭配，能更好地發揮開心果潤滑腸道的效果。

豆類＋開心果	✔	豆類富含膳食纖維，與開心果同食，可幫助吸收開心果富含的油脂，使二者相得益彰。
蔬菜＋開心果	✔	開心果富含油脂，與蔬菜同吃不僅不會形成新的脂肪，反而消耗體內原有脂肪，是肥胖者的減肥餐。

蓮子

擴張外圍血管

比較乾燥，用牙咬或錘敲易脆裂破碎的蓮子，可購買。

每天適宜吃30克

非結晶型生物鹼N-9

蓮子中所含的非結晶型生物鹼N-9，可釋放組織胺，使外圍血管擴張，從而降低血壓。

鎂

蓮子富含鎂，可防止鈣離子沉積在血管壁上，抗血凝，預防血栓形成。

營養成分	含量（每100克）
蛋白質	17.2克
脂肪	2克
碳水化合物	67.2克
膳食纖維（非水溶性）	3克
維他命C	5毫克
鎂	242毫克

在粥中加入適量枸杞子，滋補效果更佳。

降壓降脂吃法

蓮子可直接食用，也可煲湯、炒食。用蓮子心沖泡水飲用可降低血壓、清熱、安神、強心。

食用貼士

蓮子受潮容易被蟲蛀，而受熱後蓮子心的苦味就會滲入蓮子肉中。因此，蓮子最好存於乾燥通風處。另外，失眠者可食用蓮子。

淮山蓮子粥

材料：淮山、大米各50克，蓮子30克，薏米40克，白糖適量。

做法：淮山去皮切碎，蓮子去心，薏米、大米洗淨。以上所有食材加水煮爛成粥，可加適量白糖調味。

配搭	宜忌	說明
百合＋蓮子	✔	蓮子與百合煲粥是一個極富營養的搭配，可潤燥養肺、滋補強身，還可治療神經衰弱、心悸、失眠等。
枸杞子＋蓮子	✔	枸杞子補腎潤肺、生精益氣、補肝明目，與蓮子同食，具有健美抗衰、烏髮明目、健身延年的功效。

榛子中含有大量油脂，每次食用20粒為宜。

每天適宜吃30克

榛子

促進膽固醇降解代謝

降壓關鍵點 ▶鎂、鈣、鉀等礦物質

榛子中含豐富的鎂、鈣和鉀等礦物質，鎂可防止鈣離子在血管壁上沉積，鉀可平衡體內的鈉含量。長期食用有助於調整血壓。

降脂關鍵點 ▶不飽和脂肪酸、固醇

榛子中的不飽和脂肪酸易被人體吸收，也可降低體內膽固醇的含量。榛子中所含的固醇能夠抑制人體對膽固醇的吸收，並且可促進膽固醇降解代謝，可預防冠心病、動脈粥樣硬化等疾病。

降壓降脂吃法

榛子仁可炒食，可製成榛子醬食用，也可熬粥時加入粥中。與蓮子、大米搭配熬粥，不僅營養豐富，更適合高血壓、高血脂症患者食用。

食用貼士

榛子適宜飲食減少、體倦乏力、眼花者食用。另外榛子富含油脂，故膽功能嚴重不良者應慎食。

榛子士多啤梨豆漿

材料：赤小豆50克，榛子仁15克，士多啤梨100克。

做法：赤小豆用水浸泡4~6小時，撈出洗淨；士多啤梨洗淨，去蒂切丁；榛子仁碾碎。把上述食材放入豆漿機中，加水，啓動豆漿機。榨好後濾出即可。

營養成分	含量（每100克）
蛋白質	20克
脂肪	44.8克
碳水化合物	24.3克
膳食纖維（非水溶性）	9.6克
維他命E	36.43毫克
鈣	104毫克
鉀	1244毫克
鎂	420毫克

用榛子、士多啤梨和大豆榨豆漿，能同時補鐵和維他命C。

配搭宜忌

士多啤梨＋榛子 

含維他命 C 的士多啤梨與含鐵的榛子同吃，可促進人體吸收鐵，並有助於預防貧血、增強體力。

杏仁中的苦杏仁有毒性，
不宜長期食用。

杏仁 有助於保持正常的血壓水平

每天適宜吃10克

降壓關鍵點 ▶ 苦杏仁苷、維他命E

苦杏仁苷可避免心臟病發作，有助於保持正常的血壓水平。維他命E，可淨化血液，降低血壓，對高血壓等心血管疾病有較好效果。

降脂關鍵點 ▶ 黃酮類、多酚類、不飽和脂肪酸

黃銅類和多酚類成分，可降低人體內膽固醇含量。不飽和脂肪酸可降低體內總膽固醇和低密度脂蛋白膽固醇含量，從而達到降脂目的。

降壓降脂吃法

杏仁可以用來煲粥，製作杏仁餅和杏仁麵包等食品，還可與其他作料搭配食用。杏仁葡萄麥片粥適合高血壓、高血脂症患者作早餐食用。

食用貼士

生杏仁中的苦杏仁苷的代謝產物會導致細胞窒息，食用時要注意適量攝取。另外，陰虛咳嗽及便溏者忌食杏仁。

營養成分	含量（每100克）
蛋白質	22.5克
碳水化合物	23.9克
膳食纖維(非水溶性)	8克
鈣	97毫克
鎂	178毫克
維他命E	18.53毫克

杏仁松子豆漿

材料：大豆50克，杏仁10克，松子5克，冰糖適量。

做法：大豆用清水浸泡10~12小時，撈出洗淨；松子去殼。把大豆、杏仁、松子放入豆漿機，加水啓動。榨好後濾出，加適量冰糖拌勻即可。

這款豆漿不僅能保持血壓平穩，更有抗衰老的功效。

配搭宜忌

牛奶＋杏仁		牛奶與杏仁搭配，是最佳的潤膚美容食品，愛美的女性不妨多吃。
菱角＋杏仁		菱角與杏仁一起吃，不利於蛋白質的吸收，會降低人體對其營養的吸收和利用率。

過食大蒜，會對視力有影響。

每天適宜吃10~20克

大蒜 抑制膽固醇形成

降壓關鍵點 ▶ **氨基酸**

大蒜中含有磷、鉀以及18種氨基酸成分，有很好的降血壓、降血糖作用。另外，大蒜可幫助保持體內某種酶的適當數量而避免出現高血壓，是天然的降壓藥物，可減少心腦血管栓塞。

降脂關鍵點 ▶ **大蒜素、類黃酮**

大蒜素能抑制血小板凝集，還能抑制膽固醇的合成。類黃酮能抑制血管中的膽固醇氧化黏在血管上。大蒜中蛋白質等營養成分具有明顯的降血脂及預防冠心病的作用。

降壓降脂吃法

大蒜可做配料能起調味和殺菌作用。可在吃瘦肉、煮粥時加入蒜，也可與豆角等蔬菜搭配食用，促進營養吸收。

食用貼士

因大蒜性溫，陰虛火旺、便秘、口乾及慢性胃炎、胃潰瘍病患者應忌食。

烤大蒜

材料：大蒜2個，辣椒粉、孜然粉、鹽各適量。

做法：鍋中倒油燒熱，放入大蒜煎烤，把大蒜煎烤至焦黃即可。吃之前撒上少許辣椒粉、孜然粉、鹽拌勻。

營養成分	含量（每100克）
蛋白質	4.5克
脂肪	0.2克
碳水化合物	27.6克
膳食纖維（非水溶性）	1.3克
磷	117毫克
鋅	0.88毫克
硒	3.09微克

烤過的大蒜沒有濃重的辣味，不易上火，也更開胃。

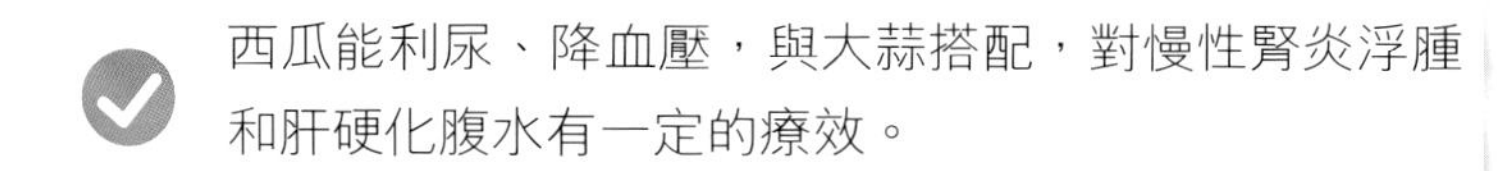

西瓜＋大蒜 ✔ 西瓜能利尿、降血壓，與大蒜搭配，對慢性腎炎浮腫和肝硬化腹水有一定的療效。

西蘭花＋大蒜 ✔ 西蘭花富含抗氧化物質及維他命C，能抑制膽固醇，大蒜可降血脂、抗癌，搭配食用效果更佳。

可以用啤酒蓋的齒削薑皮。

每天適宜吃10克

生薑 降低血清膽固醇水平

揮發油、抗氧化劑

生薑所含的揮發油，可抑制人體對膽固醇的吸收，防止血清膽固醇在體內的的蓄積；生薑具有抗氧化作用，可防止血管氧化，保護血管。

薑黃素

生薑中的薑黃素可降低血清總膽固醇水平，促進膽固醇排泄，抑制脂肪酸形成，從而達到降血脂的目的。長吃薑可起到與藥物類似的降脂效果。

降壓降脂吃法

生薑可做調料，也可生食。

食用貼士

一次不宜吃太多薑，否則薑辣素會使人產生上火症狀。另外，腐爛的生薑會產生黃樟素。該物質毒素極強，會傷害肝臟，故爛薑不可食用。

薑茶

材料：生薑、綠茶各9克。

做法：生薑切片，與綠茶用開水沖泡即可飲用。

常喝薑茶既可控制血壓血脂，又能益氣舒心。

營養成分	含量（每100克）	同類食物含量比較
蛋白質	1.3克	低 ★
脂肪	0.6克	低 ★
碳水化合物	10.3克	中 ★★
膳食纖維（非水溶性）	2.7克	低 ★
鈣	27毫克	中 ★★
鎂	44毫克	中 ★★

蓮藕＋生薑 

蓮藕清熱生津、涼血止血、補益脾胃，與生薑搭配，對心煩口渴、嘔吐不止有一定的療效。

綠豆芽＋生薑 

綠豆芽比較寒涼，做湯時放入薑同煲，不僅可以祛寒，還可以增加湯的美味。

購買時，以意大利、希臘和西班牙出產的橄欖油為佳。

橄欖油

降低血壓和血液黏稠度

每天適宜吃25克

降壓關鍵點 ▶抗氧化劑、單不飽和脂肪酸

抗氧化劑可防止血管被氧化，保持血液正常流動。經常食用，可降低心臟的收縮壓和舒張壓，控制血壓平衡。

降脂關鍵點 ▶單不飽和脂肪酸

橄欖油中的單不飽和脂肪酸，能夠調節血脂，降低血液黏稠度，預防血栓形成，防止冠心病，減少心血管病症的發生。

降壓降脂吃法

橄欖油特別適合涼拌，也可用作其他烹調方法，但不適合煎炸食物。這樣會使橄欖油的味道蓋住食物本身的味道。

食用貼士

在保存橄欖油時，要避免其與空氣接觸，放在陰涼避光處，並不宜久存。

涼拌金菇

材料：金菇50克，橄欖油、生抽、鹽、白糖、葱花各適量。

做法：金菇洗淨去根，沸水焯30秒，瀝乾，橄欖油、生抽、鹽、白糖調成味汁，淋在金菇上，調勻，撒上葱花即可。

橄欖油不適合煎炸食物，以免油中的營養被破壞。

營養成分	含量（每100克）
脂肪	99.9克
鐵	0.4克

配搭宜忌

蜂蜜＋橄欖油

蜂蜜和橄欖油搭配做護膚品，可防止皮膚衰老，適合皮膚特別乾燥者使用。

品質好的葵花籽油油體透亮，呈黃色或金黃色。

葵花籽油

減輕血管壁壓力

每天適宜吃25克

降壓關鍵點 ▶ 鋅、鎂

葵花籽油中含礦物質鋅和鎂。鋅有助於減少體內膽固醇的含量，鎂可減輕血管壁受到血壓突然改變產生的壓力。

降脂關鍵點 ▶ 不飽和脂肪酸、維他命E

不飽和脂肪酸可清除體內垃圾，降低膽固醇，防止血管硬化，預防冠心病。維他命E，可以通過阻礙膽固醇升高來防止動脈阻塞，保持血管暢通。

降壓降脂吃法

涼菜熱菜均可用葵花籽油做菜，以它作為烹調作料稍加熱，香味濃郁。

食用貼士

肝病患者應少食用葵花籽油。

雲耳菜炒肉

材料：雲耳菜300克，豬瘦肉100克，葵花籽油、蒜末、鹽各適量。

做法：雲耳菜洗淨瀝乾，豬瘦肉洗淨切片。鍋中倒葵花籽油，倒入蒜末爆香，再下豬肉片和雲耳菜翻炒，炒熟後加鹽即可。

營養成分	含量（每100克）
脂肪	99.9克
維他命E	54.6毫克
鐵	1毫克
錳	0.02毫克
鋅	0.11毫克
鎂	4毫克
不飽和脂肪酸	83.6克
單不飽和脂肪酸	18.4克
多不飽和脂肪酸	65.2克

用葵花籽油炒菜，會有股淡淡的清香味道，保健又美味。

青菜＋葵花籽油 

葵花籽油與富含維他命的青菜搭配，有益於預防血管併發症。

瘦肉＋葵花籽油 

葵花籽油能夠降低瘦肉中的膽固醇，適宜高血壓、高血脂症者食用。

品質好的粟米油色澤金黃，口味清香，油煙少，不油膩。

每天適宜吃25克

粟米油

軟化動脈血管，預防高血壓併發症

不飽和脂肪酸

粟米油中不飽和脂肪酸佔總脂肪酸的86.2%，軟化血管，預防高血壓併發症。

亞油酸、維他命E

粟米油不飽和脂肪酸中的亞油酸和維他命E，能夠降低血液中的膽固醇，預防動脈硬化和肥胖症。

降壓降脂吃法

粟米油涼菜、熱菜、煎炸均可使用。其口味清淡，不容易產生油膩感，可長期食用。炒菜時稍加熱即可。

食用貼士

不可重複使用，用後不要倒回原油，燒焦了就不能再食用了。

營養成分	含量（每100克）
脂肪	99.2克
碳水化合物	0.5克
維他命E	50.94毫克
磷	18毫克
單不飽和脂肪酸	27.2克
多不飽和脂肪酸	55.3克

用粟米油做出的花卷味道香而不膩，特別適合老年高血壓、高血脂症患者食用。

青菜＋粟米油

粟米油富含多種維他命和營養成分，與青菜搭配食用，更有利於維他命和營養成分的吸收，同時預防心腦血管疾病，又可以美容潤膚。

有白毫的是青嫩芽製成的，
茶質較好。

每天適宜飲5克（茶葉）

綠茶 防止血液凝塊和血小板成團

降壓關鍵點 ▶ 兒茶素

綠茶中的兒茶素可降低血漿中的總膽固醇、游離膽固醇、低密度脂蛋白、膽固醇和三酸甘油酯，舒張血管，從而達到降壓目的。

降脂關鍵點 ▶ 黃酮醇類物質、茶鹼、維他命

黃酮醇類物質有抗氧化作用，可防止血液凝塊和血小板成團。茶鹼可活化蛋白質激酶和三酸甘油酯解脂酶，減少脂肪細胞堆積。維他命可降血脂、防治動脈硬化的目的。

降壓降脂吃法

高血壓和高血脂症患者應長期、適量、清淡地飲茶，不要喝濃茶，飲用量也不易過多。

食用貼士

不宜空腹飲茶，也不宜用茶水送服藥物。另外，綠茶也不宜與人參、西洋參同食。

營養成分	含量（每100克）
蛋白質	34.2克
脂肪	2.3克
碳水化合物	50.3克
膳食纖維（非水溶性）	15.6克
維他命A	967微克
維他命C	19毫克
維他命E	9.57毫克

"三高"患者不宜飲濃茶，可長期飲用清淡的綠茶。

桂圓＋綠茶 ✔ 綠茶和桂圓一起泡飲，可補血清熱、補充葉酸、預防貧血，血虛體質者宜常飲。

枸杞子＋綠茶 ✘ 綠茶富含的鞣酸具有收斂吸附作用，會吸附枸杞子中的微量元素，生成人體難以吸收的物質，應避免同食。

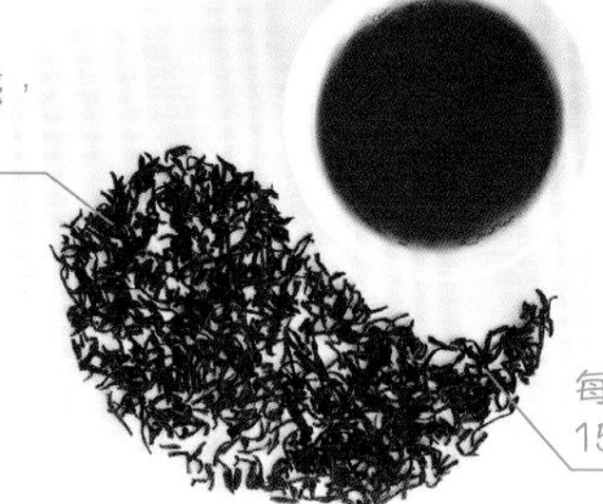

紅茶

維持血壓在正常水平

兒茶素

紅茶中的兒茶素類化合物，可抑制血管緊縮素II的形成，有助於降低血壓至正常狀態，也可增強血管彈性、韌性和抗血壓性，輔助降低血壓。

降脂關鍵點

抗氧化劑

紅茶中還有一種抗氧化劑，可降低低密度脂蛋白。不過此抗氧化劑作用時間較短，經常飲用紅茶可增加此抗氧化劑的壽命。

降壓降脂吃法

紅茶可直接沖飲，以量少清淡為主。在紅茶中加入檸檬，堅持每天飲用一小杯，可強壯骨骼，預防骨質疏鬆。

食用貼士

不宜多喝新茶，並且存放不足半個月的新茶更不要喝。不要用茶水送服藥物，而且服藥前後1小時內不要飲茶，以免降低藥性。

營養成分	含量 (每100克)
蛋白質	26.7克
脂肪	1.1克
碳水化合物	59.2克
膳食纖維(非水溶性)	14.8克
鐵	28.1毫克

喝紅茶，要以量少清淡為好，每天不超過1杯。

牛奶+紅茶  二者搭配俗稱奶茶，可去油膩、助消化、益思提神、利尿解毒、消除疲勞，還可解酒精之毒。

生薑+紅茶  以紅茶和生薑燉湯，具有補脾、養血、安神、解鬱的功效，常服令人容顏白嫩，皮膚細滑。

250毫升的全脂牛奶比等量脫脂奶的熱量多兩倍。

脫脂牛奶

穩定情緒，降低血壓

每天適宜喝250毫升

降壓關鍵點 ▶ 鈣、鋅、蛋白質

脫脂牛奶中的鈣、鋅等礦物質，可穩定情緒，降低血壓。優質蛋白質既可清除血液中多餘的鈉，同時又能增強血管彈性，降低心肌張力，起到保護心臟功能的作用。

降脂關鍵點 ▶ 乳清酸、鈣

乳清酸既能抑制膽固醇在血管壁上沉積，又可抑制膽固醇合成酶的活性，減少膽固醇的產生。鈣能促進人體燃燒脂肪，促進機體產生更多能降解脂肪的酶。

降壓降脂吃法

高血壓、高血脂症人群適宜飲用脫脂牛奶，並應在飲用前先吃一些麵包或饅頭類的含碳水化合物的食物。脫脂牛奶可加熱飲用，但不要煮沸，否則會影響人體對蛋白質的吸收。

食用貼士

不要飲用剛剛擠出的牛奶，其中含有對人體有害的細菌。也不要空腹喝脫脂牛奶，這樣會使脫脂牛奶的營養得不到充分吸收。

多飲用脫脂牛奶，可有效緩解高血壓。

營養成分	含量（每100克）
蛋白質	2.9克
脂肪	0.2克
碳水化合物	4.8克
維他命B_2	0.08毫克
鈣	75毫克
磷	96毫克
鋅	0.54毫克

配搭宜忌

大米＋脫脂牛奶 

二者一起吃，可補虛損、潤五臟，對老年人尤其有益。

木瓜＋脫脂牛奶 

二者搭配，含有豐富的蛋白質、維他命A、維他命C及礦物質。木瓜有明目清熱、清腸熱、通便的功效。

脫脂酸奶

維持正常心跳，調節血壓

優質酸奶呈乳白色或稍帶淡黃色，色澤均勻。

每天適宜喝250毫升

降壓關鍵點 ▶ **鈣、磷、鉀、乳酸鈣**

鈣、磷、鉀可維持正常心跳，調節血壓。乳酸鈣容易被人體吸收，有預防和改善心腦血管疾病的作用。

降脂關鍵點 ▶ **乳酸菌**

乳酸菌及其菌體碎片、蛋白質類成分，能夠清除體內膽固醇和三酸甘油酯，從而達到降低血脂的作用。

降壓降脂吃法

高血壓、血脂異常患者可以飲用低脂或脫脂酸奶。同時脫脂酸奶可與水果共食，將一些水果榨汁與脫脂酸奶調勻食用，可有效改善動脈硬化。

食用貼士

脫脂酸奶最好在飯後兩小時飲用。脫脂酸奶只可冷藏不可加熱，不然會破壞脫脂酸奶內的活菌。另外，吃火鍋時喝點脫脂酸奶可保護胃黏膜。

營養成分	含量（每100克）
蛋白質	3.3克
脂肪	0.4克
碳水化合物	10克
膽固醇	18毫克
鈣	146微克
磷	91毫克
鉀	156毫克

酸奶和橙一起榨汁飲用，可改善動脈硬化。

臘肉＋脫脂酸奶

臘肉等加工肉製品中添加的亞硝酸鹽與乳酸結合，會轉變為一種致癌物質——亞硝胺。故二者不宜同食。

豆漿做好後最好兩小時內喝完，尤其是夏季。

每天適宜喝250毫升

豆漿 防止鈉引起的血壓升高

降壓關鍵點 ▶ 鉀、鎂、植物蛋白、磷脂

鉀和鎂元素，可控制體內鈉的含量，防止由鈉引起的血壓升高。植物蛋白和磷脂，可降低膽固醇的吸收，並使之排出體外，保護心血管健康。

降脂關鍵點 ▶ 維他命B雜、維他命B_3

維他命B雜可促使碳水化合物作為能量被消耗掉，輔助能量代謝，減少脂肪堆積。其中維他命B_3更可降低膽固醇含量，促進血液循環。

降壓降脂吃法

要喝煮熟的鮮豆漿。大豆可與其他豆類搭配打成豆漿，也可與部分蔬菜搭配打磨成豆漿，營養更加豐富。

食用貼士

沒煮熟的豆漿中含有有毒物質，會導致蛋白質代謝障礙，並引起中毒症狀，故不能飲用。另外，不宜空腹飲用豆漿，也不可一次喝太多。

芝麻大米豆漿

材料：大豆、大米各40克，黑芝麻20克，生薑3片。

做法：大豆浸泡10~12小時，撈出洗淨；大米洗淨；芝麻碾碎；薑片切碎。將上述食材一起放入豆漿機中，加水啟動豆漿機。榨好後濾出即可。

營養成分	含量（每100克）
蛋白質	1.8克
脂肪	0.7克
碳水化合物	1.1克
膳食纖維（非水溶性）	1.1克
不飽和脂肪酸	0.5克
鉀	48毫克
鎂	9毫克

芝麻、大米和大豆一起磨成豆漿，不僅能控制血壓平衡，營養也十分豐富。

配搭宜忌

大米＋豆漿	✔	大米和豆漿都含有豐富的蛋白質，可使血管保持柔軟，並能降血壓、滋補身體。
雞蛋＋豆漿	✖	雞蛋中的黏液性蛋白易與豆漿中的胰蛋白酶結合，產生一種不能被人體吸收的物質，所以二者不宜同食。

選購略帶微黃色的豆腐，色澤過於死白的可能添加了漂白劑。

每天適宜吃100~150克

豆腐 防止血管壁氧化

降壓關鍵點 ▶ 維他命E、植物雌激素

維他命E可消除活性氧，防止血管壁氧化破壞，使血管壁有效承受血壓變化帶來的壓力。植物雌激素，可保護血管內皮細胞不被氧化破壞，保持血管系統健康。

降脂關鍵點 ▶ 大豆蛋白、大豆卵磷脂

大豆蛋白能很好地降低血脂，保護血管細胞，預防心血管疾病的發生。大豆卵磷脂不僅可促進神經、血管和大腦的發育成長，也可抑制膽固醇的攝入。

降壓降脂吃法

豆腐的食用方法很多，烹調前用鹽水將豆腐焯一下，在做菜時豆腐就不易碎了。

食用貼士

豆腐含嘌呤較多，故痛風病人和血尿酸濃度增高的患者吃豆腐要限量。

鮮味豆腐湯

材料：菠菜200克，豆腐1塊，高湯、鹽各適量。

做法：菠菜用熱水焯一下，豆腐切塊，用鹽水略煮。高湯煮開，下菠菜、豆腐、鹽，稍煮一會兒即可。

豆腐最營養的搭配就是和蔬菜、魚類、貝類燉湯。

營養成分	含量（每100克）
蛋白質	8.1克
脂肪	3.7克
碳水化合物	4.2克
膳食纖維（非水溶性）	0.4克
維他命E	2.71毫克

魚＋豆腐  豆腐中的蛋白質缺少蛋氨酸和賴氨酸兩種物質，魚缺乏苯丙氨酸，二者一起吃，能提高蛋白質利用率。

海帶＋豆腐  豆腐裏的皂苷成分可促進脂肪代謝，阻止動脈硬化發生。二者同食可避免機體碘缺乏。

腐竹 改善微循環

好的腐竹呈淡黃色、有光澤，
次的清白色、暗淡。

▶維他命E

腐竹中的維他命E，可使高血壓患者增強毛細血管功能，改善微循環、防止動脈粥樣硬化，抑制血栓形成。

▶不飽和脂肪酸、磷脂

不飽和脂肪酸可與體內膽固醇結合轉變為液態，隨尿液排出體外，從而降低體內膽固醇含量。磷脂可降低血液中膽固醇含量，能有效防止高血脂症的發生。

降壓降脂吃法

腐竹所含熱量較高，用溫水泡發後可與西芹等蔬菜涼拌或清炒，最好不要油炸，同時食用腐竹時也要適當減少主食的攝入。

食用貼士

腎炎或腎功能不全者最好少吃腐竹，另外，痛風患者也應慎食。

腐竹粟米養生粥

材料：腐竹、豬瘦肉、粟米粒、大米各50克，鹽適量。

做法：腐竹泡好洗淨，切段；豬瘦肉洗淨，切丁；大米洗淨，提前浸泡。將腐竹、大米、粟米粒放入鍋中，大火煮沸後，轉小火慢燉1小時。將豬肉丁放入，煮熟，放少許鹽調味即可。

營養成分	含量（每100克）
蛋白質	44.6克
脂肪	21.7克
碳水化合物	22.3克
膳食纖維（非水溶性）	1克
維他命E	27.84毫克

腐竹與白菜搭配食用，有養胃利腸、清熱降脂的作用。

白菜＋腐竹  二者搭配，可適量添加些番薯，有養胃利腸、清熱降脂、益氣和中的功效。

青豆＋腐竹  腐竹中的磷脂對血管有保護作用，青豆補脾益氣，清熱解毒，健身寧心。

芝麻

對動脈硬化、高血脂症有明顯效果

降壓關鍵點 ▶ 維他命E

芝麻中的維他命E不僅能防止血管氧化，減少附着在血管壁上的膽固醇，也能提升亞油酸的功能，預防動脈硬化，對高血壓有預防和緩解作用。

降脂關鍵點 ▶ 卵磷脂、亞油酸

芝麻中的卵磷脂是血管的"清道夫"，可乳化、分解脂肪，降低血液黏稠度，對動脈硬化、高血脂症有明顯效果。芝麻中的亞油酸有調節膽固醇的作用。

降壓降脂吃法

芝麻可榨製麻油食用，也可做成芝麻醬食用，烹調時多用作輔料。另外，黑芝麻比白芝麻營養價值高，高血壓、高血脂症患者更適合吃黑芝麻。

食用貼士

芝麻碾碎才能使人體吸收到營養，所以應加工後再吃。另外，炒製時千萬不要炒糊。

營養成分	含量（每100克）
蛋白質	19.1克
脂肪	46.1克
碳水化合物	24克
膳食纖維（非水溶性）	14克
維他命E	50.4毫克
鈣	780毫克
鎂	290毫克

芝麻醬中加少量水攪拌，越攪拌越乾者為佳。

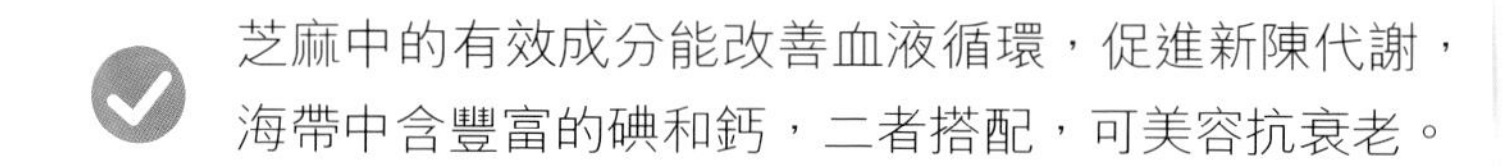

海帶＋芝麻 ✔ 芝麻中的有效成分能改善血液循環，促進新陳代謝，海帶中含豐富的碘和鈣，二者搭配，可美容抗衰老。

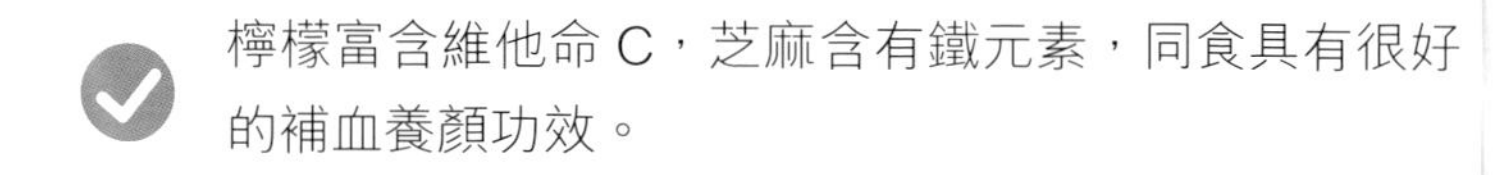

檸檬＋芝麻 ✔ 檸檬富含維他命C，芝麻含有鐵元素，同食具有很好的補血養顏功效。

市售的黑瓜子含鹽較多，
不宜多食。

每天適宜吃25克

黑瓜子

有助於預防動脈硬化

降壓關鍵點 ▶ **不飽和脂肪酸、鋅**

黑瓜子所含的不飽和脂肪酸，有降低血壓的功效，並有助於預防動脈硬化。黑瓜子中的鋅元素可降低體內膽固醇含量，對預防心血管疾病有幫助。

降脂關鍵點 ▶ **皂苷、維他命B雜**

黑瓜子中的皂苷不僅可疏通腸胃、清肺、止血，也能與膽固醇結合生成水非水溶性的分子複合物，並排出體外。黑瓜子中的維他命B雜，可幫助熱量代謝，有助於控制體重。

降壓降脂吃法

黑瓜子經曬乾，炒製成各種味道，變得更香。吃黑瓜子時可搭配綠茶，既可生津，又有利於吸收其中的蛋白質。

食用貼士

市售的黑瓜子含鹽量較高，而且含有添加劑，故不宜多食。高血壓、高血脂症患者可將吃西瓜時留下的黑瓜子自己炒製食用，這樣更健康。

不停地嗑瓜子會傷津液，對牙齒也不好，所以要適量食用。

營養成分	含量（每100克）
蛋白質	32.7克
脂肪	44.8克
碳水化合物	14.2克
膳食纖維（非水溶性）	45克
維他命E	1.23毫克
鎂	448毫克
鋅	6.67毫克
維他命B_1	0.04毫克
維他命B_2	0.08毫克

配搭宜忌

大米＋黑瓜子  黑瓜子加水搗爛取汁後與大米同煮成粥，可降血壓、血脂。

挑選時，殼色白淨、有自然光澤，且片粒飽滿為好。

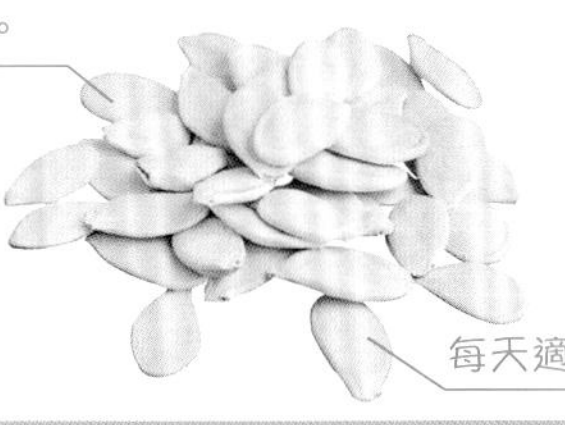

每天適宜吃25克

白瓜子

緩解靜息性心絞痛

降壓關鍵點 ▶維他命B_3、鋅

白瓜子中的維他命B_3，可緩解靜息性心絞痛，並有降壓作用。白瓜子中的鋅，能夠減少膽固醇的堆積，穩定血壓狀態，控制和改善高血壓、高血脂症。

降脂關鍵點 ▶不飽和脂肪酸、鎂

白瓜子中的不飽和脂肪酸，可降低膽固醇和中性脂肪在血液中的含量，防止心腦血管疾病。白瓜子中的鎂，可有效防止鈣在血管壁上沉積，可保持心臟和血管健康。

降壓降脂吃法

常見白瓜子吃法為炒食，也可煲湯、熬粥、入藥。

食用貼士

胃熱病人不宜多食，以免引起脘腹脹悶。

白瓜子薏米粥

材料：白瓜子25克，薏米、大米各50克。

做法：白瓜子去殼，薏米提前用水浸泡，大米洗淨。薏米、大米下砂鍋，添水，大火煮開後放白瓜子，小火煮熟即可。

營養成分	含量（每100克）
蛋白質	36克
脂肪	46.1克
碳水化合物	7.9克
膳食纖維（非水溶性）	4.1克
維他命E	37毫克
維他命B_3	3.3毫克
鋅	7.12毫克
鎂	376毫克

與薏米搭配食用，有降血糖、血壓的雙重功效。

薏米＋白瓜子

薏米與白瓜子，再加入適量豬瘦肉煲粥，有降血糖、降血壓的功效。

要買色澤光亮、乾燥、
飽滿、硬實的葵花籽。

每天適宜吃25克

葵花籽

保持心血管健康

降壓關鍵點 ▶ **鋅、鎂、鉀等礦物質**

葵花籽中富含礦物質鋅、鎂、鉀。其中，鋅可調節體內鋅鉻比重，降低血壓，也有減少膽固醇沉積作用；鎂可減輕由於血壓突然改變而引起的對血管壁的壓力；鉀則可排除體內多餘的鈉，穩定血壓。

降脂關鍵點 ▶ **不飽和脂肪酸**

葵花籽中的脂肪主要為不飽和脂肪酸，不僅易於人體吸收，又不含膽固醇，可降低血脂，預防心腦血管疾病。

降壓降脂吃法

可炒熟後使用。若直接從市場購買，建議買原味葵花籽，以防攝入過多鹽分。

食用貼士

葵花籽不可多食，吃多了會「熱氣」，午飯或晚飯後吃一小把即可。

營養成分	含量（每100克）
蛋白質	22.6克
脂肪	52.8克
碳水化合物	17.3克
膳食纖維（非水溶性）	4.8克
維他命E	26.46毫克
鉀	491毫克
鋅	5.91毫克
鎂	267毫克

"三高"患者在吃葵花籽時要控制食用的量，尤其是糖尿病患者，要將食用葵花籽的量轉化成能量，並在一天飲食的總熱量中扣除。

配搭宜忌

配搭	宜忌	說明
冰糖＋葵花籽	✔	二者一起服用，可平肝祛風、理氣消滯、清熱利濕，適用於血痢、痛經、白帶、胃痛、便秘等症狀。
黑米＋葵花籽	✔	黑米富含維他命 B_3，有助於吸收葵花籽中的葉酸，對預防貧血、刺激食慾、促進兒童成長有益。
甜椒＋葵花籽	✘	甜椒中的鐵與葵花籽中的維他命 E 結合，會妨礙維他命 E 的吸收。

好的槐花體輕、無臭、味微苦。

每天適宜吃25~50克

槐花 改善血液循環

降壓關鍵點 蘆丁、槲皮苷

槐花中的蘆丁和槲皮苷可擴張血管，並改善毛細血管通透性，改善血液循環，從而達到降低血壓的作用。

降脂關鍵點 槲皮苷

槐花中的槲皮苷可降低血液中膽固醇的含量，降低血脂，有預防動脈硬化功效。

降壓降脂吃法

槐花可煎水飲，沖泡代茶飲，也可煮粥，做配料。可入藥。

食用貼士

槐花較甜，故糖尿病患者不宜多食。另外，過敏體質人群也應慎食槐花。

營養成分	含量（每100克）
蛋白質	3.1克
脂肪	0.7克
碳水化合物	17克
膳食纖維（非水溶性）	2.2克
鈣	83毫克
鐵	3.6毫克

用沸水可沖泡3~5次，當茶頻頻飲用。

配搭宜忌

大米＋槐花  二者搭配，有涼血止血、降低血脂的功效，適宜高血脂症患者服用。

白酒

為什麼不宜喝白酒？

雖然少量飲酒(每日少於30毫升酒精)可改善脂質代謝，降低高密度脂蛋白，保護心血管系統。但不能過度飲酒，過度飲酒不僅會攝入更多熱量，更會導致三酸甘油酯的增高，從而導致血壓血脂上升。因此，過度飲酒不利於控制血脂血壓。

營養成分	含量 （每100克）
酒精	58毫升
鈣	1毫升
鈉	0.5毫升
鎂	1毫升
鐵	0.1毫升
鋅	0.04毫升

咖啡

為什麼不宜喝咖啡？

咖啡中的多酚綠原酸雖有一定的擴張血管的作用，但咖啡中的咖啡因是引起血壓升高和刺激血脂的重要物質，尤其在精神緊張的狀態下，咖啡因會使血壓升高產生的危險性大大增加。因此，高血壓、高血脂症患者不宜喝太多咖啡，尤其在壓力大、精神緊張時。

營養成分	含量 （每100克）
熱量	218千卡
蛋白質	12.2克
碳水化合物	41.1克
鉀	3535毫克
脂肪	0.5克

可樂

為什麼不宜喝可樂？

以可樂為代表的碳酸類飲料，是高熱量低營養物質，加大了肥胖的風險，長期飲用，導致無法合理控制總熱量的攝入，所以對高血壓、高血脂症患者來説，可樂不是好的選擇。

營養成分	含量（每100克）
熱量	43千卡
蛋白質	0.1毫克
碳水化合物	10.8毫克
鈣	3毫克
鈉	4毫克

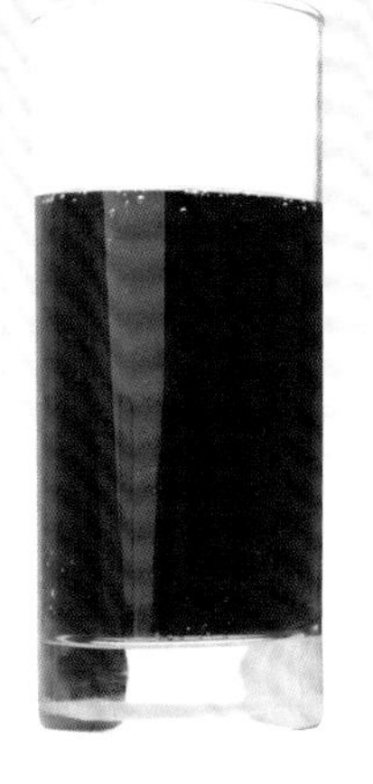

濃茶

為什麼不宜喝濃茶？

濃茶中含有能使中樞神經系統興奮的物質，使腦血管收縮，引發腦血管疾病。另外，喝濃茶會加快心率，增加心臟負擔。故高血壓、高血脂症患者不宜飲用濃茶，而應選擇清茶。

營養成分	含量（每100克）
熱量	283千卡
蛋白質	14.5毫克
碳水化合物	66.7毫克
鈣	277毫克

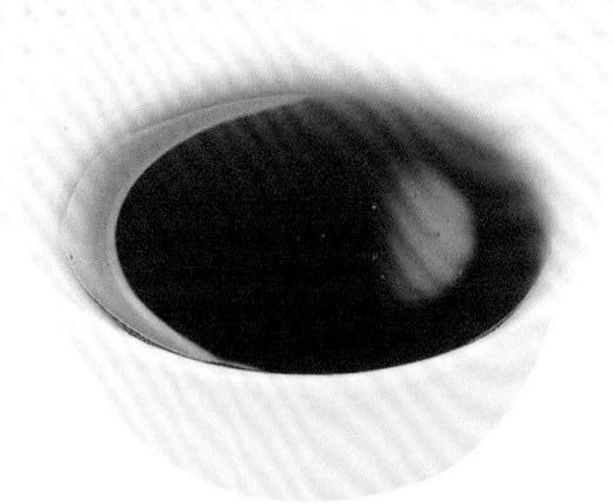

雪糕

為什麼不宜吃雪糕？

雪糕是甜食，會造成體內脂肪堆積和血脂升高。而且雪糕添加物中大都含有植物奶油，即反式脂肪酸，其可降低高密度脂蛋白，升高低密度脂蛋白，引發高血脂症的概率較高。

因此，高血脂症患者不宜吃雪糕。

營養成分	含量（每100克）
熱量	127千卡
蛋白質	2.4毫克
脂肪	5.3毫克
碳水化合物	17.3毫克
維他命E	0.24毫克
鎂	12毫克

薯片

為什麼不宜吃薯片？

薯片是高熱量、高脂肪食物，不利於控制食物總熱量的攝入，而且熱量和脂肪過高會導致高血脂症患者發胖，加大患肥胖症的可能。薯片含鹽量高，可導致由過量的鈉引起的血壓升高。故高血壓、高血脂症患者不宜食用薯片。

營養成分	含量（每100克）
熱量	615千卡
蛋白質	4克
脂肪	48.4克
碳水化合物	49.2克
膳食纖維	1.9克
鉀	620毫克

牛油

為什麼不宜吃牛油？

牛油屬高熱量、高脂肪、高膽固醇食物，可引起患者血脂升高，造成膽固醇在血管壁上沉積，加大患肥胖症、心血管疾病等併發症的概率。高血壓、高血脂症患者應引起注意。

營養成分	含量（每100克）
熱量	888千卡
蛋白質	1.4克
脂肪	98克
膽固醇	296毫克
鈣	35毫克

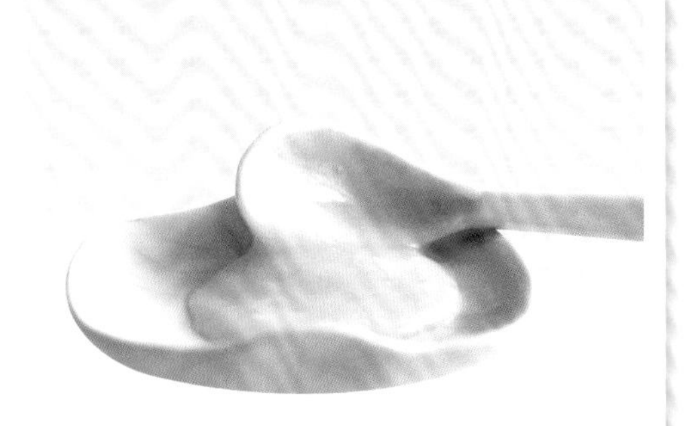

做沙拉時，可用鮮檸檬汁或蔬菜沙律代替牛油。

皮蛋

為什麼不適宜吃皮蛋？

皮蛋中熱量和膽固醇都較高，其中皮蛋中膽固醇比瘦豬肉的高10倍左右，食用後會增加血液中膽固醇的濃度，加重脂質代謝紊亂，從而加重高血壓、高血脂症病情。

營養成分	含量（每100克）
熱量	214.5千卡
蛋白質	17.8克
脂肪	12.8克
碳水化合物	7克
膽固醇	716.9毫克
磷	316.9毫克

第二章

穩定血壓血脂的中藥及食療方

中藥傳承千年，中醫對如何平衡血壓、血脂也有所研究，並發現一些中藥中含有很多天然的物質，對控制血壓血脂有所裨益。

在服用人參後，不要吃蘿蔔和各種海味。

人參

抑制胰脂肪酶活性，進而降低血脂

降壓關鍵點 ▶人參皂苷、組胺

人參所含的人參皂苷有持久降壓作用，而降壓也與人參中的組胺釋放有關。

降脂關鍵點 ▶人參皂苷

人參中的人參皂苷可抑制胰脂肪酶活性，從而達到降低血脂的作用。而且其還能降低血液中膽固醇和三酸甘油酯，升高血清高密度脂蛋白膽固醇，對高血脂症有作用。

食用貼士

需根據身體狀況和季節情況服用人參，不可濫用。並且不可連續及過量食用人參，否則會產生副作用。食用前要先去蘆頭，以防產生嘔吐現象。

對症食療方

【參苓粥】

材料：人參、白茯苓(去黑皮)各10克，大米80克，生薑、鹽各適量。

做法：①將人參、白茯苓、生薑用水煎，去渣取汁。②將大米下入汁內煮粥，快熟時加入適量鹽，攪拌均勻。熟後即可食用。

食法：每日1次，佐餐食用。

功效：健脾補虛，降脂降壓。適宜脾胃氣虛的高血脂症患者服用。

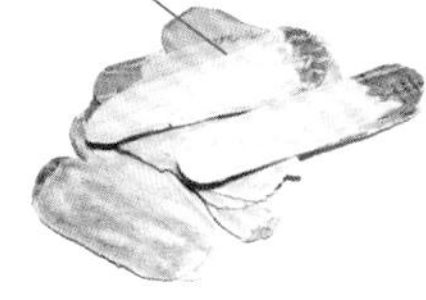

治療高血壓時，黃芪的用量最好在30克以內。

黃芪

改善氣血不足型高血壓

降壓關鍵點 ▶黃芪苷

黃芪中的活性成分黃芪苷，可抑制前列腺素E_2的釋放，降低花生四烯酸的濃度，以達到防治高血壓的目的。

降脂關鍵點 ▶黃芪多糖

黃芪中含有的黃芪多糖，不僅可控制血糖，也可減少腹部脂肪，對高血脂症患者減肥有一定效果。

食用貼士

陰虛陽亢、食積停滯者禁服。

對症食療方

【黃芪淮山茶】

材料：黃芪、淮山各30克。

做法：黃芪、淮山切片，水煎取汁。

食法：代茶飲。

功效：益氣生津、健脾補腎。

黃芪、淮山也可與大米一起煮粥食用，效果也很好。

在挑選時，以條粗壯、色紫紅者為佳。

丹參

改善微循環，降低血壓

降壓關鍵點 ▶ 丹參酮IIA

丹參中的主要成分丹參酮IIA，可擴張血管，降低血壓，是很好的活血化瘀藥物。

降脂關鍵點 ▶ 丹參素

丹參中的丹參素可抑制細胞內源性膽固醇的合成。另外，它還能減少主動脈粥樣斑塊體積，也可使血清總膽固醇、三酸甘油酯有所降低。

食用貼士

丹參不宜與藜蘆同食。心臟病人可用丹參泡茶服，以改善心腦供血。

對症食療方

【首烏丹參蜂蜜飲】

材料：丹參、何首烏各15克，蜂蜜適量。

做法：①將丹參、何首烏水煎取汁。②丹參、何首烏汁去渣後調入適量蜂蜜即可。

食法：每日1次。

功效：補益肝腎，疏通經絡。適用於高血壓、高血脂症、動脈硬化患者食用。

玉竹以條粗長、淡黃色、飽滿質實、體重者為佳。

玉竹

改善高血壓和血脂異常

降壓關鍵點 ▶ 強心苷、維他命 B_3

玉竹中的強心苷和維他命 B_3 等成分，可改善血液循環。煎煮代茶飲用，可改善高血壓和血脂異常等症狀。

降脂關鍵點 ▶ 甾體皂苷

玉竹中的甾體皂苷是一種生物活性物質，有降低膽固醇的作用。

食用貼士

脾虛便溏者慎服，痰濕氣滯者忌服。

對症食療方

【玉竹燕麥粥】

材料：玉竹15克，燕麥片100克，蜂蜜適量。

做法：①玉竹冷水泡發，煮沸20分鐘取汁，再加清水煮沸20分鐘，合併兩次藥汁。②在藥汁中加入燕麥片，小火熬煮成粥。③煮熟後調入適量蜂蜜即可。

食法：每日1次，早餐食用。

功效：清熱滋陰。適宜高血壓、動脈硬化以及冠心病患者食用。

與枸杞子等搭配，有補腎益精之功效。

黃精

預防心血管疾病

▶ 甾體皂苷

黃精有效成分能夠降低血壓，也具有明顯的抗菌和抗病毒作用。它能夠增加冠脈血流量，改善心肌缺血，預防冠心病。

降脂
關鍵點

▶ 黃精多糖

黃精中的黃精多糖不僅可降低血糖，也可降低血脂、三酸甘油酯、β-脂蛋白和血膽固醇，改善動脈硬化斑塊。

食用貼士

脾虛腹瀉、咳嗽痰多者不宜食用黃精。

對症食療方

【黃精粥】

材料：黃精15克，大米50克，冰糖適量。

做法：①黃精洗淨，煎水取汁，去渣。②大米淘淨，放入藥汁中，煮熟，加適量冰糖即可。

食法：每日1次，早晚餐食用。

功效：健脾和胃，益氣補虛。

大便溏瀉、有濕痰的人，要慎服。

何首烏

降血脂，預防動脈硬化

降壓
關鍵點

▶ 二苯乙烯和羥基蒽醌類成分

臨床觀察表明，何首烏中含有的二苯乙烯和羥基蒽醌類成分，對改善高血壓症狀有明顯效果。

降脂
關鍵點

▶ 卵磷脂、蒽醌衍生物

何首烏中的卵磷脂和蒽醌衍生物等物質，可除掉附着在血管壁上的膽固醇，從而達到降低血脂、減少動脈粥樣硬化的作用。

食用貼士

忌用鐵器煎煮何首烏。服用何首烏時最好不要同食蘿蔔、葱、蒜，以免降低其藥效。

對症食療方

【何首烏煲烏雞】

材料：何首烏、浮小麥各15克，烏雞1隻，紅棗5顆，鹽、生薑、黃酒各適量。

做法：① 將烏雞剖洗淨，斬成大塊，焯水過涼。何首烏、紅棗洗淨，待用。②烏雞塊放入砂鍋內，加入適量鹽、生薑、黃酒，煮20分鐘。③浮小麥用紗布包好後放入砂鍋中，再放入紅棗、何首烏燜煲3小時左右，燉至烏雞酥爛即可。

食法：佐餐食用，服用時吃肉喝湯。

功效：滋補肝腎，適宜高血壓病人食用。

能刺激腸粘膜分泌消化液，加快蠕動，有通下排便之效。

火麻仁

降壓又降脂

降壓關鍵點 ▶ 不飽和脂肪酸

火麻仁中的不飽和脂肪酸可降低膽固醇，防止血管硬化。另外，火麻仁可降低血清膽固醇，起到降低血壓的作用。

降脂關鍵點 ▶ 植物固醇

火麻仁食品中含有大量的植物固醇，其可降低體內膽固醇，從而達到降脂的作用。

食用貼士

火麻仁一次不可食用過多，易損血脈。大量食用火麻仁也會導致中毒。另外，便溏者不宜食用。

對症食療方

【火麻仁酒】

材料：火麻仁150克，米酒(或白酒)500克。

做法：①將火麻仁研為細末，放入乾淨的瓶中。②倒入米酒(或白酒)浸泡，封口。③日後開啓，過濾後即可服用。

食法：將酒溫熱，飯前酌量服，不可服用過多。

功效：潤腸道，補中虛。

滑腸作用稍強，炒熟後可減緩。

決明子

抑制血清膽固醇的升高

降壓關鍵點 ▶ 決明素、大黃酚

決明子中的決明素降壓效果顯著，大黃酚有平喘、利膽、保肝和降壓作用。

降脂關鍵點 ▶ 決明素

決明子所含的決明素不僅有降壓效果，還可控制體內血清膽固醇含量，防止動脈粥樣硬化斑塊形成。

食用貼士

決明子不可與蓖麻同服。脾虛便溏者慎服，孕婦忌服。

對症食療方

【枸杞決明子茶】

材料：決明子20克，枸杞子10克。

做法：將決明子、枸杞子一起放入杯中，用沸水沖泡，悶蓋15分鐘左右即可。

食法：可隨時飲用。

功效：清肝瀉火，降壓降脂。

可用略炒的決明子直接泡茶飲用。

炒杜仲比生杜仲的降壓效果好。

杜仲

持久降壓，降低膽固醇

▶生物鹼、綠原酸

杜仲中的生物鹼、綠原酸等物質有降低血壓的作用，可改善高血壓患者頭暈眼花、腰膝痠軟等症狀。

降脂關鍵點

▶維他命E、微量元素

杜仲所含的維他命E和微量元素，可使血清膽固醇明顯下降，有調節血脂的作用。

食用貼士

陰虛火旺者慎服杜仲。

對症食療方

【杜仲番茄肉片湯】

材料：杜仲15克，番茄100克，豬瘦肉50克，雞蛋1個，澱粉20克，雞湯500克，生薑、葱、鹽各適量。

做法：①杜仲烘乾打粉；番茄洗淨切片，豬瘦肉切片；生薑切片，葱切段。②把肉片放入碗內，加入澱粉、鹽、杜仲粉，打入雞蛋，拌成稠狀挂漿，待用。③炒鍋置大火上燒熱，加入油，燒至六成熱時，下入薑片、葱段炒香，加入雞湯燒沸，下入肉片、番茄片，煮約8分鐘至熟即成。

食法：每日1次，佐餐食用。

功效：補氣血，降血壓。

黃芩斷面為黃色，中間為紅棕色，可清火養陰。

黃芩

清除自由基，降低膽固醇

降壓關鍵點

▶黃芩苷

黃芩的主要活性成分黃芩苷，可通過抑制前列腺素E_2的釋放，降低花生四烯酸的濃度，從而防治高血壓。

降脂關鍵點

▶黃酮類

黃芩中的黃酮類，可清除自由基，降低血清總膽固醇、三酸甘油酯，升高高密度脂蛋白膽固醇，而預防動脈粥樣硬化。

食用貼士

脾肺虛熱者忌食黃芩。腹痛、溏瀉者禁用。

對症食療方

【滋補烏雞火鍋】

材料：黃芩、當歸各20克，沙參30克，紅棗10顆，枸杞子5克，烏雞1隻，清湯2500克，葱、生薑、蒜、料酒、雞精、胡椒粉各適量。

做法：①當歸切成節，黃芩切片，生薑、蒜切片，葱切成"馬耳"形。②烏雞清理乾淨，斬成4厘米大小的塊，焯水撈起。③炒鍋置火上，下油加熱。放葱、生薑、蒜、烏雞塊，炒香，倒入清湯，將其他材料一起放入鍋內，燒沸，除浮沫，倒入火鍋盆，即可食用。

食法：同其他火鍋食用方法。

功效：強筋壯骨，補充氣血。

飲用時應常測血壓，以免血壓過低引起頭暈。

夏枯草

預防心肌梗死

降壓關鍵點 ▶ **三萜皂苷、有機酸類化合物**

夏枯草中的三萜皂苷等萜類物質以及有機酸類化合物具有降壓的功效。其全草均有降壓作用，能使血壓持久穩定。

降脂關鍵點 ▶ **黃酮類**

夏枯草中的黃酮類，可降低血清總膽固醇、三酸甘油酯和低密度脂蛋白膽固醇，預防動脈粥樣硬化。

食用貼士

脾胃虛弱者慎服夏枯草。

對症食療方

【夏枯草煲瘦肉】

材料：夏枯草10克，豬瘦肉100克，鹽適量。

做法：夏枯草、豬瘦肉加適量水共煲，肉熟後加少許鹽調味即可。

食法：每日1次，吃肉喝湯。

功效：清肝火，降血壓。適宜高血壓病人熬夜後頭暈頭痛及眼紅者食用。

夏枯草與黨參、白菊花煎煮代茶飲用，也有輔助降壓的作用。

用鉤藤泡茶喝，對高血壓引起的頭痛、失眠等很有療效。

鉤藤

降低血壓，擴張血管

降壓關鍵點 ▶ **鉤藤總鹼、鉤藤鹼**

鉤藤中的鉤藤總鹼和鉤藤鹼是生物鹼，具有降低血壓、擴張血管、預防動脈硬化和鎮靜神經的作用。

降脂關鍵點 ▶ **鉤藤鹼**

鉤藤中的鉤藤鹼，具有抑制血小板聚集和抗血栓形成作用，從而控制血脂平衡。

食用貼士

脾胃虛寒及無陽熱實火者慎服鉤藤。

對症食療方

【三七芎麻茶】

材料：三七、川芎各10克，天麻、鉤藤各5克。

做法：將以上藥材共加水煎煮即可。

食法：分早中晚服用。

功效：補肝活血。

枸杞子有補益作用，但實熱型高血壓患者吃了會加重症狀。

枸杞子

補腎降壓

降壓關鍵點 ▶ 甜菜鹼、維他命、氨基酸

枸杞子中所含的甜菜鹼及多種維他命、氨基酸等物質，可降低血壓，還能軟化血管，預防心血管疾病的發生。

降脂關鍵點 ▶ 亞油酸、亞麻酸、甜菜鹼

枸杞子中所含的亞油酸、亞麻酸、油酸等成分，可降低血清膽固醇。甜菜鹼不僅可以降血壓，還能起到預防脂肪肝的作用。

食用貼士

枸杞子溫熱身體的效果強，故感冒發熱、脾虛、腹瀉者忌服。

對症食療方

【枸杞淮山粥】

材料：大米50克，淮山100克，枸杞子10克。

做法：①大米洗淨瀝乾；淮山去皮洗淨切小塊。②鍋中加水煮開，放入大米、淮山和枸杞子續煮至滾時稍攪拌，改小火熬煮30分鐘即可。

食法：佐餐使用。

功效：調脾胃，補肝腎。

除非有醫師指導，否則不宜長期服用車前子降血壓。

車前子

軟化血管，降低血壓

降壓關鍵點 ▶ 亞油酸

車前子中的亞油酸，具有降低血脂、軟化血管、降低血壓、促進微循環的作用，有“血管清道夫”的美譽，具有防治心血管疾病的保健效果。

降脂關鍵點 ▶ 膽鹼

車前子含有一種擬膽鹼物質，可清除血管壁上沉積的膽固醇，防止動脈硬化引起的心血管疾病。

食用貼士

勞累疲倦，陽氣下陷，及腎虛寒者忌服。

對症食療方

【車前大米粥】

材料：車前草(新鮮)10克，車前子20克，大米80克，葱白1段。

做法：①車前草洗淨，切碎；車前子碾碎。②車前草、車前子、葱白用水煮，取汁去渣。③將大米放入藥汁中，加適量水後煮粥即可。

食法：空腹佐餐食用。

功效：清熱利濕。適宜高血壓水腫患者食用。

經常用葛根片泡茶，對治療高血壓很有療效。

葛根

治療三高有療效

降壓關鍵點 ▶ 天門冬酰胺、鉀

葛根中的天門冬酰胺可擴張末梢血管，降低血壓。鉀能夠緩解過量攝入的鈉對人體的損害，使血壓降低。

降脂關鍵點 ▶ 黃酮類物質

葛根中含有的黃酮類物質具有解熱、降血脂的作用，可預防心腦血管疾病。

食用貼士

葛根性偏涼，不可多服，以免傷胃氣，胃寒者及夏日表虛汗多者更應慎用。

對症食療方

【葛根大米粥】

材料：葛根30克，大米50克。

做法：①葛根研成粉末，大米用清水浸泡一晚。②將大米和葛根攪拌均勻後，按常法熬粥即可。

食法：每日1次。

功效：清熱生津、除煩止渴。

除非有醫師指導，否則不宜長期服用車前子降血壓。

紫蘇子

降壓效果明顯

降壓關鍵點 ▶ α-亞麻酸

紫蘇子中含有豐富的α-亞麻酸，多服有一定降壓作用。

降脂關鍵點 ▶ 脂肪油

紫蘇子中的脂肪油可降低血清膽固醇和低密度脂蛋白的含量，改變高密度脂蛋白與低密度脂蛋白之間的比例。

食用貼士

氣虛久咳、脾虛便溏者忌服紫蘇子。

對症食療方

【蘇子杏仁粥】

材料：紫蘇子、白蘇子、杏仁各10克，大米50克，蜂蜜適量。

做法：①將紫蘇子、白蘇子和杏仁研末，煎汁去渣。②將大米和藥汁同煮，煮熟後調入適量蜂蜜即可。

食法：早晚佐餐食用。

功效：化痰止咳，潤腸通便，降低血壓。

曬乾研末後沖泡療效更佳。

絞股藍

雙向調節血壓

降壓關鍵點 ▶ 絞股藍皂苷

絞股藍中含有八十多種絞股藍皂苷，其能防止動脈粥樣硬化，給細胞提供充足養分，保證血液暢通。

降脂關鍵點 ▶ 絞股藍皂苷

絞股藍總皂苷含量很高，可降低血清總膽固醇和三酸甘油酯含量，並能降低低密度脂蛋白含量，提高高密度脂蛋白，達到降脂效果。

食用貼士

注意關注服用後是否有不良反應。部分患者服藥後，可能會出現噁心嘔吐、腹脹腹瀉(或便秘)、頭暈眼花等症狀，若產生不良反應，請立即停服，並諮詢醫生。

對症食療方

【絞股藍紅棗粥】

材料：絞股藍15克，紅棗15顆，大米80克，紅糖適量。

做法：①絞股藍去雜質，曬乾或烘乾，研末，備用。②大米、紅棗洗淨，一起倒入砂鍋，加水煮成稠粥。③放入絞股藍末、紅糖適量，攪勻，改用小火再煮10分鐘即可。

食法：早晚食用。

功效：清肝火，降血壓。適宜肝腎陰虛型高血壓患者食用。

作為養陰補氣的中藥，最好能在醫生的指導下服用。

西洋參

降低血脂，抗脂質過氧化

降壓關鍵點 ▶ 人參皂苷、礦物質

西洋參中所含的人參皂苷和礦物質，可擴張血管，保護心肌細胞和心血管系統，促進血液活力，降低血壓。

降脂關鍵點 ▶ 西洋參莖葉皂苷

西洋參莖葉皂苷，可降低血清低密度脂蛋白含量，升高高密度脂蛋白水平，有降低血脂和抗脂質過氧化的作用。

食用貼士

西洋參忌鐵器，忌火炒。在服用西洋參時不要喝茶或吃蘿蔔。另外，體質虛寒、腹部冷痛及腹瀉者不宜服用西洋參。

對症食療方

【西洋參瘦肉湯】

材料：西洋參10克，豬瘦肉200克，鹽適量。

做法：①將西洋參洗淨，溫水泡軟切片。豬瘦肉洗淨，切片。②將豬瘦肉與參片一齊放入鍋內，並加入泡過西洋參的水及適量的清水，大火煮沸後改小火煲約兩小時至熟，加鹽調味即可。

食法：佐餐食用，吃肉喝湯。

功效：補氣健脾，強身開胃。

地骨皮

穩定血脂，預防併發症

降壓關鍵點 ▶ **生物鹼**

地骨皮中含有活性成分生物鹼，具有顯著的降壓效果。

降脂關鍵點 ▶ **β-穀固醇、桂皮酸**

地骨皮所含的β-穀固醇和桂皮酸可降低血清總膽固醇和血脂，保護血管，預防高血脂症的發生。

食用貼士

地骨皮忌用鐵器。另外，脾胃虛寒、外感風寒以及便溏者忌服。

對症食療方

【兩地槐花粥】

材料：地骨皮、生地各30克，槐花15克，大米50克。

做法：①將生地、地骨皮、槐花洗淨，水煎，去渣取汁。②將大米與藥汁共煮為粥即可。

食法：每日1次，可連服3~5日。

功效：清熱固精。

在白酒中放入些菊花，30天後服用，可疏風潤膚、除煩降壓。

菊花

預防和治療高血脂症疾病

降壓關鍵點 ▶ **菊苷**

菊花中含有豐富的菊苷，具有很好的降壓效果。菊花可擴張冠狀動脈，增加血流量，有降低血壓功效。

降脂關鍵點 ▶ **黃酮**

菊花中的黃酮有降低血脂的作用。菊花中的成分可提高高密度脂蛋白含量，降低低密度脂蛋白濃度，具有抑制膽固醇升高的作用。

食用貼士

菊花適宜陰虛陽亢型高血壓患者服用。陰陽兩虛型和痰濕型、血淤型高血壓病患者則不宜服用。

對症食療方

【菊槐茶】

材料：龍膽草10克，菊花、槐花、綠茶各6克。

做法：將菊花、槐花、綠茶、龍膽草摻和均勻後放入杯中，然後用開水沖泡10分鐘左右即可。

食法：代茶飲。

功效：滋肝明目、養陰潤燥。適宜肝陽上亢型高血壓患者飲用。

多與茯苓、豬苓、白術同用，有利水消腫的功效。

澤瀉

降壓降脂

降壓關鍵點 ▶ 生物鹼

澤瀉中含有生物鹼成分，可起到降低血壓的作用。

降脂關鍵點 ▶ 澤瀉醇、三萜類化合物

澤瀉中所含的澤瀉醇，可降低血壓，預防動脈粥樣硬化。三萜類化合物可影響脂肪代謝，減少合成膽固醇的原料，從而達到降脂作用。

食用貼士

腎虛精滑且無濕熱者禁服。

對症食療方

【澤瀉粥】

材料：澤瀉15克，大米50克，白糖適量。

做法：①澤瀉洗淨，煎汁去渣。②放入淘洗淨的大米共煮成粥，加入適量白糖，稍煮即可。

食法：每日一兩次，溫熱服。

功效：降血脂、瀉腎火、消水腫。

澤瀉可與白術同煎，健脾利水、燥濕除飲，輔助降壓降脂。

用桑寄生煎湯代茶，可調治心律失常，抗血栓形成。

桑寄生

輔助治療肝腎虧虛型高血壓

降壓關鍵點 ▶ 膽鹼

桑寄生中的膽鹼，可清除血管壁上沉積的膽固醇，降血壓、利尿、擴張血管，也有預防心血管疾病的作用。

降脂關鍵點 ▶ 黃酮類物質

桑寄生中的黃酮類物質，可舒張冠狀血管，增加冠脈流量，防止血栓的形成。

食用貼士

諸無所忌。

對症食療方

【桑寄生山楂茶】

材料：山楂50克，桑寄生30克，冰糖適量。

做法：①將山楂、桑寄生略微沖水洗淨。②放湯煲內，加適量水，用大火煲滾約10分鐘，轉用小火繼續煲約1小時。③加適量冰糖，等冰糖化了熄火即可。

食法：代茶飲。

功效：降脂滋潤。

白果葉即銀杏葉，不能與茶葉或者菊花泡茶飲用，平時最好不要過量或者過長時間飲用。

白果葉

降低膽固醇，改善血液循環

降壓關鍵點 ▶ 銀杏苦內酯B

白果葉中的銀杏苦內酯B成分屬黃酮類化合物，可抑制血管緊張素轉換酶的活性，從而達到降壓的目的。

降脂關鍵點 ▶ 黃酮類化合物

白果葉中所含的黃酮類化合物，可清除自由基，保護血管；同時還能降低膽固醇，改善血液循環，起到預防心血管疾病的作用。

食用貼士

有實邪者忌用白果葉。對白果葉過敏的人慎用。盡量不要給孕婦、兒童飲用。另外，該藥材要遵醫囑服用，不可自行大量服用。

對症食療方

【白果葉茶】

材料：白果葉5克。

做法：將白果葉用水煎煮，或直接用沸水沖泡。

食法：代茶飲。不宜長期連續服用。

功效：清肝明目。適宜高血壓、高血脂症以及動脈硬化患者食用。

品質佳的羅布麻外形捲曲，有一股清香乾草味。

羅布麻

降壓降脂

降壓關鍵點 ▶ 黃酮類化合物

羅布麻中含有黃酮類化合物，具有降低血壓的作用。另外，羅布麻葉還有強心、利尿等功效，可用於肝陽上亢型高血壓導致的頭痛、失眠等症狀。

降脂關鍵點 ▶ 兒茶素、槲皮素

羅布麻中所含的兒茶素和槲皮素，可保護毛細血管，維持其正常的抵禦力，降低血清膽固醇，從而降低血脂。

食用貼士

不宜過量服用，以免引起中毒。

對症食療方

【黃精羅布麻茶】

材料：黃精10克，羅布麻葉5克。

做法：將黃精和羅布麻葉一起用清水煎煮，去渣取汁即可。

食法：代茶飲。

功效：適宜肝陽上亢型高血壓患者飲用。

作為養陰補氣的中藥，最好能在醫生的指導下服用。

天麻

保護心臟，清除自由基

降壓關鍵點 ▶ 生物鹼、香莢蘭醇

天麻中含有的生物鹼和香莢蘭醇，可增加冠狀動脈血流量，改善心肌血液循環，降低血壓，有保護心臟的作用。對高血壓患者改善頭疼有較好效果。

降脂關鍵點 ▶ 天麻多糖、天麻素

天麻多糖，可清除自由基；天麻素可降低血清總膽固醇、三酸甘油酯、低密度脂蛋白，可預防動脈硬化、抗自由基，並且抑制血小板聚集。

食用貼士

天麻不宜煎煮時間過長，以免揮發，降低藥效。另外，津液衰少、血虛、陰虛者，應慎服天麻。

對症食療方

【天麻白芍煲蠔】

材料：天麻20克，白芍10克，蠔肉300克，西芹50克，生薑、葱、鹽、醬油各適量。

做法：①將天麻、白芍烘乾打成細粉；蠔肉洗淨切薄片；西芹洗淨切3厘米長的段；生薑切片，葱切段。②將炒鍋置大火上燒熱，加入油，燒至六成熱時，加入薑片、葱段爆香，投入除鹽、醬油外的全部材料，再加鹽、醬油炒勻，加適量水，用小火煲約30分鐘至熟即成。

食法：佐餐食用。

功效：滋陰益血，補肝補腎，祛風止顫。

挑選時，以粒大飽滿、外皮紫紅色、無核殼者為佳。

酸棗仁

預防和治療高血脂症疾病

降壓關鍵點 ▶ 生物鹼、黃酮類物質

酸棗仁中含有生物鹼和黃酮類物質，有控制血壓的作用。酸棗仁的鎮靜安神作用，也有助於血壓下降。

降脂關鍵點 ▶ 酸棗仁總苷

酸棗仁總苷可降低血清膽固醇，升高高密度脂蛋白，降低血脂，調理血脂蛋白，預防動脈硬化發生。

食用貼士

內有實邪欲火、滑泄失禁者慎服酸棗仁。另外，肝強不眠者忌服。

對症食療方

【棗仁養心粥】

材料：酸棗仁、玉竹、桂圓肉各10克，茯苓5克，大米50克，冰糖適量。

做法：①酸棗仁、玉竹、桂圓肉洗淨，與茯苓一起放入鍋中，加清水煎取濃汁，去渣。②大米淘淨後放入鍋內，加適量清水，煮為稀粥，加入冰糖，再煮沸片刻即可。

食法：早晚佐餐食用。

功效：養心安神。

與綠茶一起泡茶喝，對氣滯血淤型高血脂症患者最佳。

紅花

擴張、清理血管

降壓關鍵點 ▶ 苷類、有機酸

紅花富含苷類、有機酸，具有軟化和擴張血管、降血壓、降血脂、改善機體微循環等功能。

降脂關鍵點 ▶ 紅花子油

紅花中的紅花子油能夠清理血管，降低血清膽固醇，從而達到降低血脂、防治動脈硬化的功效。

食用貼士

孕婦及有出血症狀者忌服紅花。

對症食療方

【紅花三七茶】

材料：紅花15克，三七花5克。

做法：將紅花和三七花混勻，分作3次放入瓷杯中，以滾開水沖泡，浸泡片刻，涼涼即可。

食法：代茶飲。

功效：輔助治療高血壓。

與桑枝、茺蔚子煎煮取液，溫洗雙足，可利尿降壓。

桑葉

擴張冠狀血管，改善心肌供血

降壓關鍵點 ▶ 芸香苷、槲皮素、γ-氨基丁酸

芸香苷、槲皮素、γ-氨基丁酸，可降低血壓。其中槲皮素可擴張冠狀血管，改善心肌循環；γ-氨基丁酸能增強血管緊張素轉換酶的活性，促使血壓下降。

降脂關鍵點 ▶ 植物固醇、黃酮類

桑葉中的植物固醇、黃酮類可降低血清脂肪，防止動脈粥樣硬化。其中黃酮類可降低血液黏度，從而降低血脂。

食用貼士

桑葉味苦，有收斂作用，熱病汗多、斑疹已透者忌用。桑葉性寒，脾虛泄瀉者慎用。

對症食療方

【桑菊茶】

材料：桑葉15克，菊花10克，薄荷、淡竹葉各5克。

做法：將桑葉、菊花、薄荷和淡竹葉一起用水煎煮。

食法：代茶飲。

功效：清熱散風。適宜高血壓患者緩解頭昏、目赤等症狀飲用。

仙靈脾以無根莖、葉片多、色帶綠者為佳。

仙靈脾

降壓效果尤佳

降壓關鍵點 ▶ 淫羊藿苷、淫羊藿素

仙靈脾中所含的淫羊藿苷、淫羊藿素，可增加冠脈流量，保護心臟，具有降壓作用。

降脂關鍵點 ▶ 黃酮類化合物、槲皮素

仙靈脾所含黃酮類化合物可清除自由基，保護血管；槲皮素可增強毛細血管抵抗力，清除膽固醇，降低血脂。

食用貼士

口乾舌燥、手足心發熱、盜汗、大便乾硬等症狀者不宜服用。

對症食療方

【二仙燒羊肉】

材料：仙靈脾、仙茅、生薑各15克，羊肉250克，鹽適量。

做法：將仙靈脾、仙茅和生薑用紗布包好，羊肉切片，一起下入鍋內，加適量水，小火煲至羊肉熟爛，除去藥包，加鹽調味即可。

食法：佐餐食用，吃肉喝湯。

功效：溫腎助陽。

與枸杞子、糯米煮粥食用，每日2次，可降血壓。

桑白皮

降低血脂和膽固醇

降壓關鍵點 ▶ 乙酰膽鹼

桑白皮中含有類似乙酰膽鹼的成分，可降低血壓。另外桑白皮還能抑制血管運動中樞，從而產生降壓效果。

降脂關鍵點 ▶ 黃酮類衍生物、三萜類化合物

桑白皮中含有黃酮類衍生物和三萜類化合物成分，可降低血脂和膽固醇，擴張和保護血管。

食用貼士

肺虛無火、風寒咳嗽以及小便多者禁服桑白皮。

對症食療方

【桑白皮枸杞飲】

材料：桑白皮12克，枸杞子15克。

做法：將桑白皮和枸杞子用水煎煮2次，並將2次藥汁合併，分2次服用。

食法：代茶飲，每日1劑。

功效：利水消腫，平喘宣肺，補腎。

地龍不宜多服，以免血壓先升後降，引發頭暈。

地龍

調整血壓，增強血管彈性

降壓關鍵點 ▶ 血小板活化因子

地龍中含有類似血小板活化因子的物質，可調整血壓。地龍提取物直接作用於脊髓以上中樞神經系統，引起內臟血管擴張，而使血壓下降。

降脂關鍵點 ▶ 花生四烯酸

地龍中的花生四烯酸可使膽固醇酯化、增強血管彈性、保護血管、降低血液黏稠度，對預防心血管疾病功效顯著。

食用貼士

陽氣虛損、脾胃虛弱、腎虛者不宜食用地龍。另外，地龍不宜多服，以免出現血壓先升後降、頭暈等問題。

對症食療方

【地龍炒雞蛋】

材料：地龍15克，雞蛋2個，鹽適量。

做法：①將地龍放入盆內加清水適量浸泡3天，使其排淨體內污物，剝開，洗淨切碎。②將雞蛋打散與地龍一起加鹽混合攪勻。③在鍋裏倒入適量植物油，將雞蛋混合液倒入，翻炒至熟即可。

食法：隔日服食1次。

功效：平肝、降壓。

與黃芩、黃柏、梔子同煎服，對原發性高血壓效果顯著。

黃連

降低舒張壓，加大脈壓差

降壓關鍵點 ▶ 黃連素

黃連中的黃連素又叫小檗鹼，能使舒張壓明顯下降，加大脈壓差。堅持服用，心悸、氣短等症狀會逐漸消除。

降脂關鍵點 ▶ 黃連素

黃連素是一種生物鹼，其可抑制血小板聚集，調節血脂，有利於改善高血壓和高血脂症患者的凝血異常和血脂紊亂。

食用貼士

脾胃虛寒，腹滿胃寒、大便溏瀉者忌服黃連。

對症食療方

【淮山黃連茶】

材料：淮山30克，黃連3克。

做法：淮山和黃連搗碎，放入保溫瓶，用適量沸水沖泡，蓋蓋悶20分鐘。

食法：代茶飲用，不拘時。味略苦。

功效：燥濕瀉火，補虛益脾。

淮山黃連湯中的黃連苦寒，不可久服，宜傷脾胃。

山茱萸

減少血管內粥樣斑塊形成

降壓關鍵點 ▶ 黃酮類化合物、亞油酸

山茱萸所含的黃酮類化合物，可清除自由基，保護血管，控制血壓。亞油酸可清理血管，促進微循環，降低血壓。

降脂關鍵點 ▶ 亞油酸、β-穀固醇

山茱萸中的亞油酸可降低血脂，防止動脈硬化。β-穀固醇可降低血清總膽固醇和血脂，預防高血脂症的發生。

食用貼士

肝陽上亢及膀胱濕熱、小便不利者禁服山茱萸。

對症食療方

【山茱萸桑葚湯】

材料：山茱萸10克，桑葚20克，冬桑葉5克。

做法：冬桑葉切成絲，將山茱萸、桑葚和冬桑葉絲入水煎煮即可。

食法：每日1劑，代茶飲。

功效：祛風，清肝。適宜高血壓患者服用。

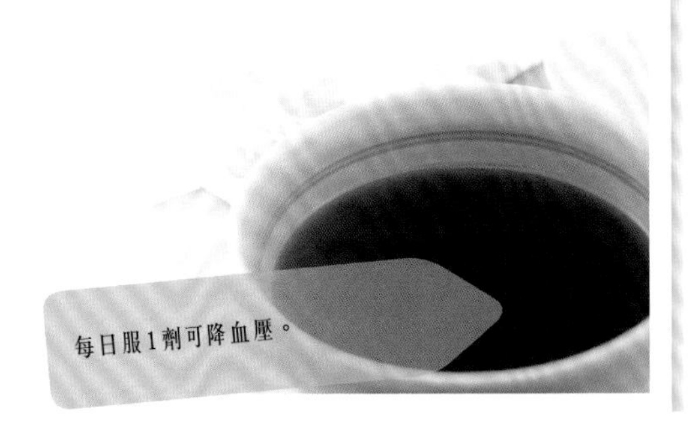

每日服1劑可降血壓。

人參忌萊菔子，因此兩者不能同食。

萊菔子

降壓效果好

降壓關鍵點 ▶ 生物鹼、亞油酸

萊菔子中的生物鹼可降低人體血壓，控制其保持正常水平。亞油酸可清理血管，防止因血管阻塞引起的血壓升高。

降脂關鍵點 ▶ β-穀固醇

萊菔子中含有β-谷固醇成分，可控制人體血清膽固醇含量、防止冠狀動脈粥樣硬化，在治療冠心病方面有輔助作用。

食用貼士

中氣虛弱者慎服萊菔子。另外，服用人參等補藥者忌用。

對症食療方

【萊菔子粥】

材料：萊菔子10克，大米80克。

做法：將萊菔子翻炒、研磨，與大米同煮即可。

食法：每日1劑，空腹食用。

功效：化痰平喘，去脂降壓。

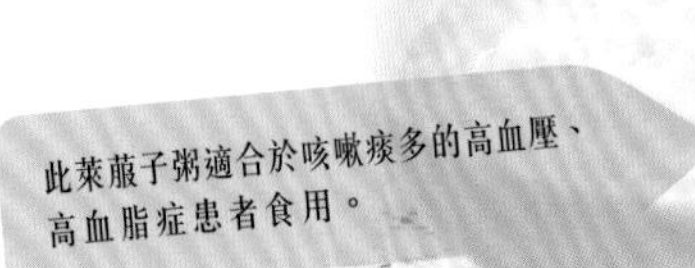

此萊菔子粥適合於咳嗽痰多的高血壓、高血脂症患者食用。

第三章

常見併發症飲食宜忌

面對併發症，高血壓、高血脂症患者宜根據併發症的特點調整原有的飲食方案，以最合理的方式恢復身體健康。

高血脂症併發冠心病

高血脂症是引發冠心病最重要的因素。主要是冠狀動脈發生硬化，導致供應心臟的血流減少，心肌缺血缺氧。高血脂症併發冠心病患者，要注意控制攝入能量，保持正常體重，合理分配三餐，飲食盡量清淡，適量吃雜糧和豆製品，少吃動物內臟等高膽固醇食物。通過蔬菜和水果補給人體必需的礦物質、維他命和微量元素，可有效防治冠心病併發症。

高血脂症併發冠心病患者飲食宜忌

食物種類	宜吃食物	忌吃食物
果蔬類	奇異果、士多啤梨、蘋果、橙、青椒、洋葱、通菜、冬瓜	仙人掌、荔枝、甘蔗、酸菜、香椿
穀豆類	粟米、蕎麥、黑米、燕麥、大豆、豆腐	油餅、油條、即食麵
肉蛋奶類	鴿肉	豬肝
水產、菌藻類	蛤蜊、鯉魚、鱈魚、金槍魚、海帶、冬菇、猴頭菇	魷魚、蟹黃
中藥、飲品類	何首烏、葛根、玉竹、枸杞子茶、豆漿	濃茶、咖啡、烈酒、可樂
其他類	大蒜、栗子、蓮子	芥末、巧克力、奶油

食療方

何首烏煮蛤蜊

材料：何首烏10克，蛤蜊肉250克，豆腐1塊，鹽、葱、生薑、料酒、麻油各適量。

湯中要盡量少放鹽和味精。

做法：何首烏洗淨，去雜質；蛤蜊肉洗淨切片；豆腐切塊；生薑切片，葱切段。將何首烏、蛤蜊肉、豆腐、料酒、薑片、葱段同放鍋內，加適量清水。大火燒沸，再改小火煮約25分鐘至熟，加鹽、麻油調味即可。

功效：補肝腎，滋陰。祛脂減肥。適宜高血脂症、冠心病患者食用。

高血脂症併發心肌梗塞

研究表明，高血脂症是引發心肌梗塞的危險性因素。它能導致體內血脂代謝出現異常，造成脂類物質在血管壁上沉積，久而久之導致冠狀動脈硬化的發生，心肌梗塞就是由於冠狀動脈硬化後血栓形成血流中斷，心肌細胞壞死而引起的常見動脈粥樣硬化性疾病。此類疾病的患者，要注意調整膳食結構。少食多餐，每次進餐七分飽即可。不吃高脂肪、高膽固醇食物，注意控制食用鹽的攝取，補充優質蛋白和維他命，多吃含鎂食物。

高血脂症併發心肌梗塞患者飲食宜忌

食物種類	宜吃食物	忌吃食物
果蔬類	奇異果、蘋果、梨、青椒、洋蔥、蘆荀、西芹、椰菜、菠菜、冬瓜	山竹、荔枝
穀豆類	蕎麥、燕麥、大豆、豆製品	糯米、油條
肉蛋奶類	鴿子肉、精瘦肉、烏雞、脱脂牛奶	肥肉、臘腸、動物內臟、香腸、豬油、全脂奶粉
水產、菌藻類	帶魚、鱈魚、雲耳	鮑魚、魚子
中藥、飲品類	葛根	濃茶、咖啡、烈酒、可樂
其他類	橄欖油、大蒜、花生	芥末、奶油、雪糕、薯片

食療方

清蒸鴿子肉

材料：鴿子肉300克，葱、生薑、鹽各適量。

做法：鴿子肉清理乾淨，焯水去血水；葱切段；生薑切片。將焯好的鴿子肉放入蒸碗，加葱段、薑片以及適量清水。將蒸碗放入燒開的蒸鍋中蒸1小時左右，去葱段、薑片，加入適量鹽即可。

功效：降壓降脂。

鴿子肉宜清蒸或煲湯，能最大限度地保存其營養成分。

高血脂症併發心力衰竭

心力衰竭是由各種病因導致的心臟病的嚴重階段。高血脂症是引起心力衰竭的主要誘發因素之一。血脂中含有的膽固醇和三酸甘油酯的升高導致血脂不斷增加，脂類物質在血管壁沉積，形成冠狀動脈硬化，造成血管阻塞，血流不通，導致心肌受損。高血脂症併發心力衰竭患者，應限制鹽的攝取，並多吃含鉀元素的蔬菜和水果，防治低鉀症。並根據自身病情控制攝入水分，採取低熱量、低蛋白質供給。

高血脂症併發心力衰竭患者飲食宜忌

食物種類	宜吃食物	忌吃食物
果蔬類	奇異果、蘋果、石榴、仙人掌、胡蘿蔔、西芹、菠菜、通菜、椰菜、番茄、水瓜	山竹、荔枝
穀豆類	粟米、蕎麥、燕麥、大豆、豆腐	油條、糯米
肉蛋奶類	精瘦肉、烏雞、蛋白、脱脂牛奶	肥肉、臘腸、香腸、動物內臟、豬油、全脂牛奶、全脂奶粉
水產、菌藻類	帶魚、鯽魚、鱈魚、銀耳、雲耳	魚子、魷魚
中藥、飲品類	刺五加、葛根、菊花茶	濃茶、咖啡、烈酒、可樂
其他類	大豆油、橄欖油、葵花籽油、大蒜、花生	鹹菜、醬菜、肉湯、雪糕

食療方

番茄炒水瓜

材料：番茄50克，水瓜150克，葱、鹽各適量。

做法：番茄洗淨，切月牙狀；水瓜削皮，切塊；葱切成葱花。在炒鍋中倒入植物油，燒至七成熱，入葱花炒香，倒入番茄和水瓜，炒熟，加入適量鹽調味即可。

番茄製作前可用開水燙一下，容易剝皮。

功效：可降低膽固醇，適合高血壓、高血脂症和心腦疾病患者食用。

高血脂症併發糖尿病

血脂異常會加重胰島細胞的負擔，損害胰島 β 細胞的功能，使體內血糖增加，誘發或加重糖尿病，並且增加心血管併發症的發病率。高血壓併發糖尿病患者，在飲食上應遵循“四低一高”原則，即低熱能、低脂肪、低膽固醇、低碳水化合物和高膳食纖維。多吃含糖低的蔬菜和水果，少食多餐，適當吃些能降低血脂、血糖的食物，對治療該疾病起到輔助作用。

高血脂症併發糖尿病患者飲食宜忌

食物種類	宜吃食物	忌吃食物
果蔬類	山楂、木瓜、蘋果、火龍果、奇異果、雪梨、西芹、黃瓜、南瓜、花椰菜、萵筍、蒟蒻、洋蔥、馬齒莧	甘蔗、榴槤
穀豆類	燕麥、蕎麥、赤小豆	蛋糕、油豆腐、豆泡、素什錦
肉蛋奶類	精瘦肉、鴿肉、蛋白、脱脂牛奶	臘肉、肥肉、動物內臟、全脂牛奶
水產、菌藻類	帶魚、沙丁魚、金槍魚、雲耳、銀耳、冬菇、雞髀菇、海帶	魚子、蟹黃
中藥、飲品類	枸杞子、葛根、淡綠茶、川貝母、豆漿	濃茶、咖啡、烈酒、加工果汁
其他類	大蒜、植物油	動物油、牛油、巧克力、糖果、雪糕

食療方

雪梨銀耳貝母湯

材料：雪梨1個，銀耳20克，川貝母6克。

做法：將雪梨洗淨切塊，銀耳泡發，然後把雪梨與川貝母用清水煎煮，當茶飲用，並吃梨、銀耳。

用銀耳做湯最好一次喝完，過夜後營養價值降低，且不宜再食用。

功效：清熱化痰。高血脂症併發糖尿病患者適合吃雪梨和銀耳。另外，這款湯也適宜高血脂症併發肺炎患者食用。

高血脂症併發高血壓

高血脂症導致動脈粥樣硬化形成以後，血液流通會受到阻力，血管壁彈性也被減弱，血液黏稠度也會增高，這些因素都會導致血壓升高。該併發症患者在配置膳食方面，要控制能量的攝入，限制脂肪和膽固醇的攝取量，補充人體所需的維他命和膳食纖維，常吃降脂、降壓的食物對調節血脂、血壓有所幫助。

高血脂症併發高血壓患者飲食宜忌

食物種類	宜吃食物	忌吃食物
果蔬類	橘子、蘋果、柚子、檸檬、胡蘿蔔、西芹、菠菜、薺菜、茼蒿、茭白、番茄、淡菜、菠菜、冬瓜	榴槤、甘蔗、椰子
穀豆類	粟米、薏米、燕麥、大豆、綠豆、赤小豆、豆腐	餅乾、油條、麵包、糕點、油餅、湯圓
肉蛋奶類	精瘦肉、蛋白、脱脂牛奶	肥肉、香腸、臘腸、動物內臟、全脂牛奶
水產、菌藻類	海蜇、海參、鱈魚、帶魚、鯽魚、銀耳、雲耳、海帶、冬菇	魚子、魷魚、鮑魚、河蟹
中藥、飲品類	葛根、夏枯草、菊花茶、金銀花茶、綠茶、枸杞子茶、絞股藍茶、豆漿	濃茶、咖啡、烈酒、可樂
其他類	大豆油、橄欖油、大蒜、蓮子	鹹菜、醬菜、雪糕

食療方

海帶豆腐湯

材料：海帶100克，豆腐200克。葱花、薑末、鹽各適量。

做法：海帶用溫水泡發，洗淨切片。豆腐洗淨，切大塊，入沸水汆一下撈出，涼後切成小方丁。葱花、薑末入熱油鍋內煸香，投入海帶、豆腐稍炒，加清水燒沸，改為小火續煮，加鹽煮至海帶、豆腐入味即可。

功效：平衡血壓血脂。

此菜不宜與田螺同食，以免引起消化不良。

高血脂症併發痛風

高血脂症患者體內的三酸甘油酯含量較高，該物質可增加尿酸水平，而尿酸濃度過高時，就很可能引發痛風。高血脂症併發痛風患者在飲食方面要注意限制嘌呤的攝入，高嘌呤食物會使體內尿酸增加。常吃新鮮蔬菜、水果等鹼性食物，特別是高鉀、低鈉類鹼性蔬菜、水果，可促進尿酸鹽溶解和排泄。另外要多飲水、少喝湯，可降低尿酸水平。

高血脂症併發痛風患者飲食宜忌

食物種類	宜吃食物	忌吃食物
果蔬類	木瓜、西瓜、蘋果、橘子、大白菜、黃瓜、西芹、番茄、苦瓜、西蘭花	甘蔗
穀豆類	大米、粟米、饅頭、番薯	糕點、油條
肉蛋奶類	瘦肉、脱脂牛奶、雞蛋	香腸、動物內臟
水產、菌藻類	海蜇皮	魚子、魷魚
中藥、飲品類	枸杞子	酒(尤其是啤酒)
其他類	橄欖油	鹹菜、醬菜、辣醬、濃湯、肉湯

食療方

西芹粥

材料：西芹60克，大米80克。

做法：西芹切末；將大米煮粥，臨熟時放入切好的西芹末，煮熟即可。

功效：清熱，降壓，去脂。適宜高血脂症併發痛風患者食用。

西芹粥起效較慢，長時間食用，方可有效。

高血壓併發高膽固醇血症

高膽固醇血症是高血壓病中常常併發的一種疾病，它們都是導致動脈硬化的危險因素，二者的升高也增加了冠心病的發病指數。高血壓併發高膽固醇血症患者在預防或治療疾病的過程中，遵守膳食的原則是十分重要的。盡量少吃高脂肪食物，多吃膳食纖維豐富的食物，有助於膽固醇排出體外。另外，飲食要清淡，多吃含鈣、鎂等礦物元素的食物。

高血壓併發高膽固醇血症患者飲食宜忌

食物種類	宜吃食物	忌吃食物
果蔬類	奇異果、蘋果、山楂、火龍果、西芹、洋蔥、黃瓜、花椰菜、蒟蒻、馬齒莧	楊梅、甘蔗
谷豆類	大米、紫米、粟米、燕麥、蕎麥、大豆、赤小豆	蛋糕、油條
肉蛋奶類	鴿子肉、精瘦肉、脱脂牛奶、蛋白	肥肉、臘肉、動物內臟、香腸、全脂奶粉
水產、菌藻類	帶魚、沙丁魚、雲耳、銀耳、海帶	魚子
中藥、飲品類	葛根、菊花茶、綠茶、枸杞子茶	濃茶、咖啡、酒、加工果汁
其他類	花生油、大豆油、橄欖油、大蒜	雪糕、牛油、巧克力、糖果

食療方

紫米粥

材料：大米80克，紫米30克。

做法：將大米、紫米洗淨，加清水一起煮粥，直至米粒煮爛即可。

功效：補血益氣。適宜高血壓、高膽固醇、高血脂症患者食用。

煮粥時，當米粒變軟後要不停攪拌，才不會黏鍋。

高血壓併發腎功能衰退

高血壓和腎功能衰竭是相互作用的。血壓過高會損傷腎功能，嚴重會導致尿毒症；反之，腎功能受損會使高血壓病情惡化，進而使本來已經很高的血壓繼續升高，加重病情。該病患者在膳食上要注意補充人體所需的維他命、膳食纖維和優質蛋白質，而由於腎功能受損，對於鉀、鈉等礦物質無法及時清除，故應減少礦物質的攝取。

高血壓併發腎功能衰退患者飲食宜忌

食物種類	宜吃食物	忌吃食物
果蔬類	柚子、檸檬、櫻桃、無花果、西芹、南瓜、西葫蘆、青椒、冬瓜	桂圓、橘子、香蕉、冬筍、菠菜、雪裏紅
穀豆類	薏米、蕎麥、小米、赤小豆	麵包、油條、花生
肉蛋奶類	精瘦肉、蛋白、脱脂牛奶	肥肉、豬肝等動物內臟、濃肉湯
水產、菌藻類	鯽魚	海產品、紫菜
中藥、飲品類	黃芪、枸杞子、五味子	濃茶、豆漿、咖啡、酒、加工果汁
其他類	橄欖油、粟米油、大蒜、核桃仁	鹹菜、醬菜、雞精

食療方

核桃五味子羹

材料：核桃仁3顆，五味子6克，大米60克，蜂蜜適量。

做法：將核桃仁、五味子搗碎，放入鍋中，與大米一起加清水用大火煮沸，再用小火稍煮即可。食用時用蜂蜜調味，適合睡前食用。

功效：滋補肝腎。用於增強肝腎功能。

此粥不能與野雞肉一起食用。

高血壓併發中風

中風是由於給腦部供血的動脈發生病變，造成急性腦血液循環發生障礙，而導致的極具危害性的疾病。由於其是一種復發率高、危害性大的疾病，防治工作尤為重要。在預防和治療該疾病過程中，合理的飲食搭配是基礎。患者要保持體重，經常攝入富含鉀、類黃酮等成分的物質，飲食要清淡，不要過甜，也不要過鹹。良好的飲食習慣是恢復健康的重要方法。

高血壓併發中風患者飲食宜忌

食物種類	宜吃食物	忌吃食物
果蔬類	奇異果、蘋果、石榴、蘿蔔、西芹、椰菜、油菜	山竹、荔枝
穀豆類	粟米、蕎麥、燕麥、大豆、綠豆	糯米、油條
肉蛋奶類	精瘦肉、蛋白、脫脂牛奶、酸奶	肥肉、香腸、動物內臟、雞蛋黃、皮蛋、全脂牛奶、全脂奶粉
水產、菌藻類	帶魚、鯽魚、鱈魚、雲耳、銀耳	魚子
中藥、飲品類	刺五加、葛根、菊花茶、枸杞子茶	濃茶、咖啡、酒、可樂
其他類	粟米油、橄欖油、葵花籽油、大蒜、花生	鹹菜、薯片、雪糕、牛油

食療方

蓮子大米粥

牛奶與蓮子同食加重便秘，故不宜在粥中添加牛奶。

材料：蓮子20克，大米50克，白糖適量。

做法：將蓮子用溫水浸泡，去心後，清水洗淨；
大米淘洗乾淨，用清水浸泡一兩個小時；將蓮子、大米放入鍋內，加清水適量煮粥，可入適量白糖調味，即可食用。

功效：清心養神，健脾和胃。適宜高血壓併發中風患者食用。

高血壓併發心力衰竭

高血壓是心力衰竭的第一重要病因。高血壓會引起心臟泵血阻力增加，導致左心室肥厚和擴大，最終導致心力衰竭。若與其他危險因素同時存在，會加大產生該疾病的可能性。心力衰竭患者在飲食上應遵循“早上吃好，中午吃飽，晚上吃少”的飲食規律，少食多餐，食用細軟、易於消化的食物。補充維他命和適量蛋白質，控制能量和鹽的攝入量，多食含鉀的蔬菜和水果。

高血壓併發心力衰竭患者飲食宜忌

食物種類	宜吃食物	忌吃食物
果蔬類	奇異果、蘋果、梨、石榴、仙人掌、青椒、洋葱、西芹、菠菜、通菜、椰菜、生菜、莧菜	山竹、荔枝
穀豆類	蕎麥、小米、燕麥、大豆、赤小豆、花生	糯米、油條
肉蛋奶類	精瘦肉、蛋白、脱脂牛奶	肥肉、動物內臟、臘腸、香腸、豬油、全脂牛奶、全脂奶粉
水產、菌藻類	帶魚、鯽魚、鱈魚、三文魚、銀耳、雲耳	魚子、魷魚
中藥、飲品類	刺五加、葛根	濃茶、咖啡、酒、可樂
其他類	粟米油、大豆油、橄欖油、葵花籽油、大蒜	鹹菜、醬菜、奶油、肉湯、雪糕

食療方

若事先沒泡赤小豆，一定要將其燒開煮爛再放大米。

赤小豆粥

材料：大米50克，赤小豆20克，黃瓜50克。

做法：赤小豆洗淨，用清水浸泡6~8小時；大米淘洗乾淨；黃瓜切丁。將大米和赤小豆放入鍋中，加適量水同煮，煮成時放黃瓜丁。

功效：用於補充高血壓患者體內必需的營養成分，降低血壓。

高血壓併發糖尿病

高血壓和糖尿病看似關係不大，但經常“結伴而行”。高血壓和糖尿病，二者相互影響。糖代謝紊亂會加速動脈硬化的形成，而高血壓患者血管壁增厚變硬，也會促使糖尿病病情加重。因此在飲食上，既要控制血壓升高，又要控制糖分的攝取。在攝入充足的鈣和維他命C的同時，不宜食用過甜或過鹹的食物，要多攝入富含膳食纖維的食物。

高血壓併發糖尿病患者飲食宜忌

食物種類	宜吃食物	忌吃食物
果蔬類	柑橘、蘋果、山楂、胡蘿蔔、西芹、菠菜、薺菜、茼蒿、茭白、番茄、淡菜、菠菜、冬瓜、南瓜	甘蔗、甜瓜、芒果、甜菜
穀豆類	粟米、燕麥、大豆、綠豆、赤小豆	加鹼或發酵粉、小蘇打製作的麵食和糕點
肉蛋奶類	精瘦肉、脱脂牛奶	肥肉、香腸、動物內臟、皮蛋、全脂牛奶、全脂奶粉
水產、菌藻類	海蜇、海參、青魚、帶魚、鯽魚、銀耳、雲耳、草菇、冬菇、海帶	魚肝、魚子、魷魚
中藥、飲品類	刺五加、葛根、夏枯草、菊花茶、金銀花茶、綠茶、枸杞子茶、粟米鬚茶、豆漿	濃茶、咖啡、烈酒、加工果汁
其他類	花生油、大豆油、菜子油、橄欖油、大蒜	鹹菜、醬菜、胡椒、辣椒油、辣醬、濃肉湯

食療方

綠豆燒開後，反覆添入涼水三次，會使綠豆皮肉分離。

綠豆南瓜粥

材料：綠豆50克，南瓜100克。

做法：將綠豆洗淨，入水煮成綠豆湯；南瓜切小塊，在綠豆湯快熟時入鍋，直到南瓜煮得爛熟即可。

功效：清熱解暑。適宜高血壓、糖尿病患者食用。

高血壓併發肥胖症

高血壓患者中肥胖者佔10%~40%。肥胖者體內脂肪組織大量增加，血液循環也相應增加，使小動脈的外周阻力增加，心臟增加心搏出量，由此導致小動脈硬化，促使血壓升高。高血壓併發肥胖症患者在選擇食物上應多吃豆類等含膳食纖維高的蔬菜和粗糧，少吃含高脂肪、高膽固醇的食物，可嘗試有減肥效果的健康食物。

高血壓併發肥胖症患者飲食宜忌

食物種類	宜吃食物	忌吃食物
果蔬類	蘋果、山楂、話梅、苦瓜、冬瓜、黃瓜、蘿蔔、竹筍	甘蔗
穀豆類	粟米、燕麥、大豆、豆腐	油條
肉蛋奶類	瘦肉、雞蛋、脫脂牛奶	肥肉、香腸、動物內臟、雞蛋黃、全脂奶粉
水產、菌藻類	鯉魚、鱈魚、雲耳、冬菇	魚子、魷魚
中藥、飲品類	葛根、菊花茶、綠茶、枸杞子茶、豆漿	濃茶、咖啡、烈酒、可樂
其他類	花生油、大豆油、橄欖油、大蒜	鹹菜、醬菜、辣醬、肉湯

食療方

燉二冬

材料：冬瓜300克，冬菇100克，葱、生薑、鹽、黃酒、麻油、雞湯各適量。

做法：冬瓜洗淨去皮、瓤，切成小塊；冬菇水發後切成薄片，放入沸水中焯一下；葱、生薑切絲備用。鍋內放油燒至五成熱，放入葱絲、薑絲煸炒出味，隨即下入冬瓜、冬菇、鹽、黃酒、雞湯翻炒。然後添入適量水，燉熟後滴入適量麻油即可。

可加入新鮮蝦仁，先煮蝦仁和冬菇，最後放入冬瓜。

功效：減肥、降脂降壓。用於高血壓併發肥胖者減肥食用。

第四章

常見問題與謬誤

高血壓患者常見的20個飲食謬誤

1. 不吃早餐

專家解答：控制每日飲食攝入的總熱量，是通過限制每餐攝取熱量而達到的。不吃早餐，容易引起過度饑餓，中午會吃得更多，反而對調控血壓造成困難。同時也會造成胃部功能的損傷，對控制血壓沒有好處。

2. 過多攝入鈉鹽

專家解答：對於高血壓患者來説，鈉鹽中鈉的含量較高，會造成血管阻力增加和血壓升高。故要控制每日攝入鈉鹽在5克(1小匙)左右，以免引起血壓上升。

3. 醃菜醬菜多吃"無礙"

專家解答：醃菜和醬菜在醃製過程中，加入了大量的鹽分，鈉含量高於一般蔬菜很多，要控制食用量，以免導致由鈉含量過高引起的血壓升高。

4. 多多進補無壞處

專家解答：中醫根據病因將高血壓分成不同種類，每一類都有自己的調理和治療方法，不要盲目進補，應根據自己的病情和體質，遵照醫囑選擇合適的進補方法。

5. 高血壓與吸煙沒有必然聯繫

專家解答：吸煙會損害人體各組織器官。煙草中的尼古丁可導致血管收縮，增加下肢血管缺血壞死的概率。吸煙會導致血管內壁損傷，加速動脈粥樣硬化的形成，進而引起血壓升高。故戒煙也是高血壓患者要遵守的重要原則之一。

6. 白酒可活血降壓，可經常飲酒，不必控制酒量

專家解答：少量飲酒(小於30克)的確可擴張血管、活血通脈，偶爾喝點酒精含量低的葡萄酒可軟化血管，對人體有好處。但白酒酒精含量相對高，不僅不會活血降壓，反而會降低降壓藥的藥效，故不可把白酒列入治療方式的行列中。

7. 喝濃茶可降血壓

專家解答：濃茶中的茶鹼、咖啡鹼含量都很高，會加快心率，增加心臟負擔，並且會引起中樞神經興奮，腦血管收縮，很可能促使腦血管病的發生。故高血壓患者應長期、適量飲用清茶來代替濃茶。

8. 只吃降壓藥品即可，飲食上不必忌口

專家解答：高血壓是一種"生活方式病"。降壓藥可以起到良好的降壓效果，但藥物只是治療疾病的一個重要方面，而不是全部。控制飲食也是降低血壓的重要方面，因此，一些高血壓忌食的食物應該少食或忌口，以免與降低降壓藥物的藥效。

9. 少喝水

專家解答：補充人體所需水分可稀釋血液黏稠度，預防習慣性便秘，也有助於排出體內有害物質。因此，高血壓患者每天要喝8杯水。

10. 為稀釋血液黏稠度而多喝水

專家解答：一次性喝水太多，血液吸收體內水分，造成血液循環量突然增加，心臟和血管短時間內無法調節，會引起血壓升高。因此，多喝水，但不是一次性多喝，應適量、分次飲用。

11. 可根據自我感覺隨意調節藥量

專家解答：患者隨意加大或減少藥量，很有可能會使病情加重。因此，患者應在醫生的指導下，選擇合適的藥物和藥量來控制血壓。

12. 所有運動對高血壓患者都有益

專家解答：長期適量運動可降低血壓，但不是所有運動都適合高血壓患者。一些劇烈運動(快跑、登山等)會引起心臟負擔過重、左心室肥厚等，嚴重者可導致急性心肌梗塞、心律失常等，甚至猝死。因此要選擇適宜高血壓患者的有氧運動，如慢跑、快步走等。

13. 血壓降到140/90毫米汞柱就不用再降了

專家解答：根據1999年世界衛生組織/國際高血壓聯盟(WHO-ISH)高血壓治療指南中製訂的18歲以上者高血壓診斷標準和分級，收縮壓小於120 mmHg，舒張壓小於80 mmHg是理想血壓；並且研究表明，當血壓在115/75 mmHg以上時，每升高20/10 mmHg，心血管疾病的危險性就會增加一倍，因此如條件允許，最好將血壓保持在不超過120/80 mmHg。

14. 得高血壓很多年了，血壓不可能降到120/80毫米汞柱以下了

專家解答：血壓想要降低到正常水平需要很多因素的參與。高血壓患者要與醫生配合，按照醫囑合理用藥，注意血壓的自我監控，再加上合理的飲食、經常性的鍛煉，保持心情愉快以及養成良好的生活習慣，大部分患者是可以把血壓降到理想水平的。一些沒有把血壓降下來的患者，常常是因為沒有養成良好的生活習慣或有些繼發性高血壓如腎功能減退等因素沒有糾正。

15. 收縮壓(高壓)雖然高，但舒張壓(低壓)降下來了就沒有什麼危險了

專家解答：收縮壓的作用是不容忽視的。研究表明，當收縮壓分別下降2 mmHg、3 mmHg、4 mmHg，中風的危險分別下降了18%、22%、26%。而且，舒張壓不能過低，否則也會增加中風、心臟病等發病率。另外，收縮壓和舒張壓之間差值越大，反映出人體主動脈的彈性越低，血管發生硬化。

16. 服藥不測血壓

專家解答：有些患者平時很少測血壓，根據自我感覺調整用藥量。若出現血壓過低現象時，繼續服用降壓藥是很危險的。所以應定時測血壓，並根據醫生指導調整藥量，維持血壓穩定。

17. 高血壓治療方案可隨意借鑒使用

專家解答：高血壓分為很多種，每位患者都有不同的病因，病情也不同，故治療方案也有所區別，因此應諮詢醫生，由醫生決定採用哪種治療方案，切不可自行借鑒。

18. 頻繁更換高血壓藥品

專家解答：患者應根據自己的病情、身體狀況、分型、分期來選擇長效降壓藥。若需要更換，也要根據醫生建議選擇藥物。不可根據降壓類藥品廣告，或患者之間相互交流，經常更換新藥，這樣不僅會使血壓出現較大波動，也會損傷體內重要器官。

19. 高血壓是"老年病"，與其他年齡段人群無關

專家解答：高血壓有一個漫長的潛伏期和發展過程，有很多人在青年時期患病，到中老年時期才顯露出來。而且如今高血壓患者已明顯出現年輕化趨勢，這就要求各年齡段人群都要注意定期檢測血壓狀況，防治高血壓尤其對有高血壓家族史的人群，更應重視血壓的檢測。

20. 年紀大了，血壓高一點無所謂

專家解答：年紀大的高血壓患者應提高警惕，由於身體素質和體內器官功能因素，年齡大的患者更容易引起心臟病、糖尿病等併發症，如不及時治療極易引起多個臟器的損傷。

在測量血壓時，要心態放鬆，以免影響測量值。葡萄能軟化血管，平時可適量吃些。

高血壓患者最關心的15個問題

1.血壓升高就是高血壓嗎？

專家解答：引起血壓升高的因素有很多，偶爾的血壓升高有可能是一種正常現象。因此，單憑一次或幾次測量高血壓的結果是無法定論是否患有高血壓的。

目前，診斷成人高血壓的新標準是，在未使用抗高血壓藥物的情況下，收縮壓≧140 mmHg，舒張壓≧90 mmHg；或以往有過高血壓史，目前正在使用抗高血壓藥物，現血壓雖未達到上述水平，也應診斷為高血壓。而且，還要經過3次以上的非同日測量。

經多次測得的血壓≧140/90 mmHg時，大部分人就可以診斷為高血壓。

2. 沒有症狀是否要吃降壓藥？

專家解答：有無症狀及症狀多少都不是判斷高血壓程度的關鍵因素。一般來說，大約有一半的早期高血壓患者沒有任何症狀，而這些沒有高血壓症狀的患者通常血壓升高得緩慢而持久，患者對這種升高方式不重視，就放任了高血壓的加重。因此，從診斷為高血壓開始，就應認真治療。沒有症狀的高血壓患者如不及時治療，只會是掩耳盜鈴，貽誤病情。

3. 高血壓一定會遺傳嗎？

專家解答：高血壓的確與遺傳因素有關，但是，父母雙方均為高血壓患者，子女不一定發生高血壓，但發生高血壓的概率較高。

4. 病狀減輕時可停止服藥嗎？

專家解答：高血壓患者一經確診，應堅持終身服藥。隨意停藥會導致心、腦、腎等重要臟器功能損傷，嚴重危害身體健康。因此，只有堅持終身服藥，才能有效控制血壓，保護體內器官正常。可根據醫生建議調整藥量和藥物種類，以符合患者目前病情。

5. 電子血壓計是越貴越好嗎？

專家解答：通常較貴的電子血壓計精確度會更高，但也不是貴的就一定是好的。主要看電子血壓計的質量是否符合國際標準，當然還要看患者自己的經濟承受能力。

6. 如何在家中自測血壓？

專家解答：在家中自測血壓時，要根據以下步驟測量。

1）選擇合適的血壓計。一般最常用的是汞柱血壓計，也有患者習慣使用氣壓錶式血壓計或電子血壓計。
2）採用標準袖帶。根據自身條件調整袖帶大小。
3）選擇安靜、溫度適宜的環境測量血壓。
4）患者取坐位，手掌向上平伸，上臂與心臟持平，袖帶下緣與肘彎處間距2.5厘米。將聽診器探頭置於肱動脈搏動處。
5）快速充氣，充氣至橈動脈搏消失後再加30 mmHg（此時為最大充氣水平）。
6）緩慢放氣2~4 mmHg，在此過程中，第一次聽診音為收縮壓，搏動音消失時為舒張壓。
7）間隔一兩分鐘重複測量，取平均值。

7. 哪些人易患高血壓？

專家解答：

1）肥胖人群。
2）膳食不合理，過度攝取鹽、糖等物質，飲食過辣的人。
3）有高血壓家族史的人。
4）大量吸煙、經常酗酒的人。
5）不愛運動的人。
6）工作壓力大、長期精神緊張、容易產生焦慮、脾氣暴躁的人。

8. 高血壓的危害有多大？

專家解答：高血壓的危害主要體現在心臟、大腦和腎臟上。

血壓升高時，會給心臟增加負擔，心肌為克服阻力加大收縮力度，長期會導致左心室肥大，會加大心肌梗塞的發病率。血壓的升高極易引發腦出血、腦血栓和腦供血不足，加大中風的危險。長期的血壓升高會造成腎小動脈硬化，進而引發腎臟萎縮。因此，控制血壓，也是在保護機體其他器官的健康。

9. 一天內什麼時候測血壓最能客觀反映血壓值？

專家解答：一天內血壓值並不是恒定的，而是在變化的。一般建議，在清晨起床時、下午4~8點這兩個血壓高峰時段，以及患者服藥後2~6個小時是測血壓的最佳時間，不僅可以測出客觀的血壓值，也可反映藥物的效果。

10. 高血壓患者外出旅游時有哪些注意事項？

專家解答：

1）出發前應做一次全面的身體檢查，瞭解自己的血壓狀況，以及該狀況下自己應選擇哪些旅遊項目，可向醫生諮詢意見。

2）旅途中準備好降壓藥，除日常服用外，以備不時之需。嚴格遵照醫囑參加適宜自己的活動，注意多休息，保持合理的飲食規律。

3）選擇好旅行季節和天氣，最好選在春季陽光明媚的日子，有利於愉悦身心，維持正常血壓值。

11. 高血壓患者對於晨練有什麼要求？

專家解答：不少患者通過晨練增加有氧運動量，故需堅持鍛煉。但晨練前要盡早服用降壓藥，等血壓平穩後再外出鍛煉。對於堅持冬季鍛煉的患者來説，盡量等到太陽出來後，室內外溫差減小，空氣污染程度有所減弱時，再外出運動較好。

12. 情緒會影響血壓值嗎？

專家解答：研究表明，情緒的變化會影響血壓水平。當人的情緒長時間處於緊張或消極狀態，血壓就會升高。這是由於，當人激動時，大腦皮質和血管運動中樞處於興奮狀態，血液中兒茶酚胺和皮質醇激素含量上升，從而導致血壓上升。由此可見，保持愉悦舒緩的心情是保持血壓穩定的重要因素之一。

13. 為何測血壓時會產生不安？

專家解答：高血壓患者在自測血壓時過於關注自己的血壓值，只有反覆測血壓才能放下心來。由於患者在測量血壓時發現血壓較高，情緒變得緊張，結果導致血壓繼續升高，這也稱為“白大衣現象”；或者是測量後血壓不高，但患者擔心血壓會上升，多測幾次才能放心。高血壓患者在測量血壓時要放鬆心態，保持愉悦心情，才能使血壓值反映真實情況。

14. 何時服用降壓藥物最有效？

專家解答：降壓藥根據藥效長短可分為長效降壓藥、中效降壓藥和短效降壓藥。

長效降壓藥效果能維持24小時以上，可每日起床後立即服用，一天只需服用1次，這些藥達到穩定的降壓效果需要4~7天，因此患者需耐心等待。

中效降壓藥效果一般能維持10~12小時，每日2次，選擇在早晨和午後2點空腹服用。特殊人群應在醫生指導下調整用藥時間，使藥效得到最好發揮。

短效降壓藥效果一般能維持5~8小時，每日3次，餐前半小時服用效果最好。這類藥雖作用時間不長，但起效快。

15. 可以無限制攝取膳食纖維嗎？

專家解答：膳食纖維可保護心臟健康，能減少腸道對膽固醇的吸收並促使其隨糞便排出體外。但過多攝取膳食纖維也會阻礙消化，影響人體對礦物質的吸收，降低蛋白質的消化吸收率。因此，攝取膳食纖維也要保持在合理範圍內，建議每日攝入30克左右即可。

購買電子計壓器時，要着重看其是否符合國際標準。

高血脂症患者常見的20個飲食謬誤

1. 素食主義

專家解答：植物性食物脂肪含量低，不含膽固醇。但動物性食物與之相比，其優質蛋白質和氨基酸比例更符合人體需要。因此，對高血脂症患者來說，葷素搭配更合理。

2. 動物油少吃，但植物油多吃無妨

專家解答：高血脂症患者要少吃動物油，最好選擇食用植物油。但這並不意味着植物油可以多吃。不管是動物油還是植物油，其熱量都很高，多吃對心血管無益，因此要對每日食用油量做出基本判斷，並將其計算入總熱量當中。

3. 為了減肥而不吃主食

專家解答：主食是供給熱量的基礎食物，不吃主食會相應增加蛋白質和脂肪的攝入，反而達不到減肥效果。另外，主食中含有膳食纖維和礦物質，更有利於降低血脂。

4. 單純節食減肥

專家解答：肥胖是由多種因素造成的，單純以節食的方式減肥容易造成營養不良，引發厭食症、胃病等其他疾病。應養成合理的飲食習慣，控制每餐的進食量，再配合合理的運動和良好的生活習慣，進行科學的減肥，而不應靠節食達到目的。

5. 隨意吃零食

專家解答：大多數零食都是高油脂和高熱量食品，隨意食用零食會增加脂肪和熱量的攝入，超出總熱量範圍，使血脂升高。

6. 菇類營養豐富，高血脂症患者可多食用

專家解答：菇類雖然營養豐富，但其成分中含有的嘌呤是引起尿酸升高的重要原因，多食容易導致痛風，尤其不適宜高血脂症併發痛風患者食用，以免病情加重。

7. 選擇好低脂食物，就不用注意烹調方法

專家解答：不同的烹調方法會改變食物本身的營養成分。煎、炸者兩種烹調方法會增加食物的熱量和油脂，不適合高血脂症患者食用。因此烹調食物應多用清蒸、水煮、涼拌等方式。

8. 高血脂症患者不可吃鹹的食物，但可吃甜食

專家解答：高血壓、高血脂症患者應少吃含鹽量多的食物，但也不能忽略甜食攝入量。體內多餘的糖類可轉化為糖原或脂肪儲存在體內，導致體內脂肪堆積，血脂升高，也有可能引發糖尿病。每日攝取的主食能夠滿足人體對糖類的需要，多吃甜食無益。

9. 控制脂肪攝取量，但不控制主食攝入量

專家解答：有時患者不吃高脂肪食物，卻大量吃主食，認為此舉不會引起血脂升高。其實，主食中的碳水化合物攝入過多則會轉化成三酸甘油酯，從而導致血脂升高。因此，主食攝入也要有個度，每日250~400克即可。

10. 高血脂症屬於中老年疾病，其他人群無需預防

專家解答：中老年人易患高血脂症，但並不代表其他年齡段人群不會患該疾病。研究表明，現在不少7歲以下的孩子，其動脈血管壁上已經出現膽固醇和三酸甘油酯沉積而形成的黃色脂質條紋與斑塊，雖無症狀，但給成年後患冠心病留下隱患。

因此，預防高血脂症應從娃娃抓起，10歲後定期給孩子做檢查，並從小培養其健康的飲食習慣，長期做適量運動，不僅可減少發病的可能性，也可預防肥胖症的發生。

11. 只吃粗糧效果好

專家解答：粗糧富含膳食纖維，可抑制腸道對脂肪的吸收，並促使其排出體外，能有效降低血脂。但也阻礙了人體對部分礦物質的吸收。因此粗糧細糧應搭配食用，每天攝入的比例應為1：3或1：4，保證營養成分的全面吸收。

12. 沒有症狀就不必治療

專家解答：部分高血脂症患者並沒有特殊症狀，但一旦確診為高血脂症，就必須遵照醫生安排，接受治療。因為高血脂症如長期得不到控制，極易引發心腦血管疾病。因此要重視高血脂症的治療。

13. 吃宵夜不會影響血脂水平

專家解答：人體膽固醇合成主要在夜間完成，吃夜宵無疑會增加肝臟的工作量，合成多餘的膽固醇，使新陳代謝發生紊亂，引發血脂異常。如果夜間需要攝取食物，應選擇吃一些碳水化合物含量高的食物，並且吃完後不要馬上入睡，要使食物充分消化。

14. 瘦肉可多吃

專家解答：儘管瘦肉中的飽和脂肪酸低於肥肉，但其總脂肪量仍然很高，多食瘦肉也會引起脂肪量上升，因此，瘦肉攝入要適量，每天最好不要超過75克。

15. 吸煙對高血脂症沒有影響

專家解答：吸煙會影響總膽固醇水平，香煙中的尼古丁會刺激交感神經釋放兒茶酚胺，兒茶酚胺又能促進脂類從脂肪組織中釋放，從而導致膽固醇水平的升高。另外，吸煙也會降低高密度脂蛋白水平，提升低密度脂蛋白水平，從而促進血脂增高。

不吸煙的人也要盡量避免被動吸煙，因為被動吸煙者總膽固醇水平同樣也會升高。

16. 喝酒可降低血脂水平

專家解答：研究表明，適量飲用葡萄酒可調節血脂，保護心血管。但飲酒過量則會造成熱量過剩，從而導致肥胖。而且，大量飲酒可引起三酸甘油酯、低密度脂蛋白明顯升高，形成動脈粥樣硬化。因此，可少量飲酒，保護心血管系統。

17. 三餐不定時，饑飽無度

專家解答：三餐不定時，饑飽無度，極有可能造成暴飲暴食，這對保持血脂平衡極為不利。因此，要養成合理的飲食習慣，三餐準時吃，適量吃。

18. “洗血脂”能完全治好高血脂症

專家解答：“洗血脂”是通過醫療手段，將有害脂肪排出體外，該方法對於家族遺傳而導致的惡性高血脂症患者來説有顯著效果。但大多數高血脂症患者主要由於後天飲食不當而導致疾病，“洗血脂”治標不治本，還是要依靠正確服用藥物、合理的膳食和適當的運動治療高血脂症。

19. 吃得過飽

專家解答：吃得過飽會使血液集中於胃部，造成腦供血不足；也會使脂肪堆積，導致肥胖的發生。總之，長期吃得過飽對健康不利，應遵循“早上吃好，中午吃飽，晚上吃少”的飲食原則，每餐七八分飽即可。

20. 廣告説哪種藥降脂療效好，就吃哪種藥

專家解答：每個人的病症都是不同的，醫生會根據每個人發病的原因、病症等具體情況為每個人設定有針對性的用藥方案。因此，患者要根據醫生建議服藥，而不要過於聽信廣告宣傳。

水果含豐富膳食纖維，可幫助高血脂症人群降低血脂。

香蕉含膳食纖維，可以清理腸道，適合便秘的高血脂症患者常吃，也有利於減肥。

高血脂症患者最關心的15個問題

1. 如何判斷是否患有高血脂症？

專家解答：目前判斷高血脂症的標準是，一般成年人空腹血清中總膽固醇超過5.72 mmol/L，三酸甘油酯超過1.70 mmol/L，就可診斷為高血脂症，而總膽固醇在5.2~5.7 mmol/L者稱為邊緣性升高。另外，對於冠心病、高血壓、糖尿病患者的血脂控制應更嚴格。

由於影響血脂檢測的因素較多，故不能憑藉一次化驗結果就斷定是否患有高血脂症，至少要在第一次檢查後一兩周內複查。然後再確定是否患有高血脂症。

2. 哪類人易患高血脂症？

專家解答：

1）有家族心血管疾病史或家族性遺傳病（家族性高血脂症）史的人。
2）生活方式不健康的人。
3）情緒不穩定的人。
4）患有糖尿病和高血壓疾病人群。
5）中老年人。
6）很少運動的人。
7）肥胖者，尤其是腹部肥胖的人。

以上人群應注意生活細節，積極消除引發高血脂症的危險因素，遠離高血脂症。

3. 血脂是不是越低越好？

專家解答：研究表明，儘管低血脂狀況比高血脂症好，但血脂並不是越低越好。當血膽固醇水平低於3.64 mmol/L時，腦出血發病率反而會升高。另外，某些腫瘤患者血膽固醇水平也很低。

其實，血脂中的膽固醇、三酸甘油酯都是維持人體正常生理功能的物質，所以維持膽固醇和三酸甘油酯在適當範圍內才是最健康的狀態。

4. 高血脂症患者一定不能吃脂肪類食物嗎？

專家解答：脂肪是機體能量的來源之一，有些脂溶性維他命要依靠脂肪協助才能被人體吸收。除此之外，一些不飽和脂肪酸是可以被人體吸收的，並且是人體所需要的，需要從相關食物中攝取。因此，高血脂症患者應多食用含不飽和脂肪酸的植物性食物，而少攝取動物脂肪，並且控制每日脂肪的總攝入量，而不是不吃脂肪類食物。

5. 只吃素不吃肉能否降低血脂？

專家解答：體內膽固醇70%是由肝臟合成的，而30%來源於所吃的食物。也就是說，即使只吃素不吃肉，身體也會自己合成膽固醇。

只吃素不僅不會降低體內膽固醇，而且會導致低膽固醇血症的發生，增加致病的風險。

6. 高血脂症患者外出吃飯時有哪些注意事項？

專家解答：

1）餐前可喝一些水。
2）盡量選擇清淡食物，多吃素菜和新鮮水果，並叮囑廚師少放油、糖和鹽。
3）吃飯時適當吃些主食，控制副食進食量。
4）盡量不喝或少喝酒、飲料、肉湯。盡量選擇喝清湯或清茶。

7. 高血脂症患者在運動時應注意哪些問題？

專家解答：高血脂症患者在運動前應進行身體檢查，以排除各種可能的併發症，採用循序漸進的方式，逐步確定自己的運動量，並持之以恒，制定有規律的鍛煉計劃。這樣既能加速血清中脂類的代謝，也起到了減肥的作用。

8. 天氣會對高血脂症患者病情產生影響嗎？

專家解答：天氣變化會對高血脂症產生影響。

1) 早春和晚秋這兩個季節，短時間內冷熱急劇變化，容易引發中風。
2) 夏季天氣較熱，若大量出汗，而又沒有及時補充水分，血液黏稠度會增加。
3) 冬季冷空氣刺激機體，使得血液流通不暢，會導致更多脂類在血管壁上沉積，堵塞血管，發生中風。

天氣變化對老年高血脂症患者來説，要更加注意心腦血管疾病的發生。

9. 高血脂症患者一定不能吃含膽固醇的食物嗎？

專家解答：膽固醇是生命活動不可缺少的營養物質之一，適量攝取有利於人體健康，但不能過量，過量則會增加高血脂症病情。所以高血脂症患者應適量攝入含有膽固醇的食物，但要控制每天的攝入量。

10. 高血脂症患者還需要額外再補充維他命E嗎？

專家解答：高血脂症患者若合理安排膳食，完全可滿足其對維他命E的需求，相反，如果大量補充維他命E，不但起不到降低血脂的作用，而且還會引起胸悶、腹瀉等副作用。故除膳食外無需額外補充維他命E。

11. 高血脂症檢查血脂前有什麼注意事項？

專家解答：

1) 取血前半個月應保持日常飲食習慣，保持體重平衡。
2) 取血前一天忌用高脂食物，不飲酒，不做劇烈運動。
3) 空腹12小時以上晨間取血。
4) 在生理和心理狀態都較為穩定的情況下取血化驗。
5) 不要在服用某些藥物時進行檢查。
6) 由於血脂變動較大，最好間隔1周測量1次（共兩三次即可），取平均值。

12. 高血脂症能根治嗎？

專家解答：目前，高血脂症還不能根治。患者應在醫生的指導下服用藥物，並保持科學的生活習慣和飲食規律，保持積極樂觀的心態去面對高血脂症。

13. 高血脂症和脂肪肝有什麼聯繫？

專家解答：高血脂症和脂肪肝關係密切。

肝臟是體內脂質代謝的主要器官，脂肪肝會影響全身的脂質代謝；而高血脂症是全身的脂質代謝發生紊亂，故會涉及到肝臟。二者相互影響，關係緊密。

14. 高血脂症症狀減輕時是否可以停止服用降血脂藥物？

專家解答：高血脂症的發生不僅有外部因素，如飲食、生活習慣、運動等，而且還有自身因素，如體內脂肪代謝、膽固醇代謝和遺傳因素等。當患者的血脂降低時，我們並不清楚自身因素是否還在起作用，體內系統是否能夠正常代謝脂肪和膽固醇。因此當高血脂症症狀減輕時，應遵照醫生意見減少藥量，而不是自行停止服用藥物。

15. 高血壓、高血脂症、高血糖有什麼聯繫嗎？

專家解答：“三高”之間是會相互影響的。只要患有其中一種疾病，則患有另兩種疾病的風險也會增加。

高血糖者胰島素不足時，會降低體內酯酶活性，導致血脂升高；高血脂症患者易產生胰島素抵抗，誘發糖尿病；高血糖與高血壓為同源性疾病，可能存在共同的遺傳基因；另外，高血壓與高血脂症互為因果，一方發生變化會引發另一方的異常。

因此，“三高”防治密切相關。

患者應積極關注自己的血脂症狀，並根據情況遵醫囑調整用藥量。